■ 高等院校信息技术应用型系列教材

C++程序设计实验指导

李清霞 主 编
陈雪娟 江 涛 副主编

清华大学出版社
北 京

内 容 简 介

本书是《C++ 程序设计》的配套实验与实践、课程设计教学用书。全书共 13 个实验，其中实验 1～实验 6 为基础知识部分，主要包括 C++ 开发环境，C++ 语法基础，程序流程控制结构，函数，数组与字符串，指针、引用和结构体方面知识的实例及练习；实验 7～实验 12 主要是面向对象程序设计方面的知识；实验 13 为综合实验，介绍“简单汽车信息管理系统”的分析、设计及实现的过程。实验 1～实验 12 中，每个实验都包括知识结构图、实验示例及实验练习三个方面。其中，实验练习部分包括实验目的、实验要求及实验内容，每个实验后的题目包含一套精心设计的程序分析题、程序填空题及程序设计题，书后提供了参考答案，供读者循序渐进地学习与上机练习。

本书可单独使用，也可作为高等学校 C++ 语言的辅助教材，亦适合“零基础”人员使用。

图书在版编目(CIP)数据

C++ 程序设计实验指导/李清霞主编.—北京：清华大学出版社，2021.5 (2024.8重印)
高等院校信息技术应用型系列教材
ISBN 978-7-302-56602-1

Ⅰ.①C…　Ⅱ.①李…　Ⅲ.①C++ 语言—程序设计—高等学校—教学参考资料　Ⅳ.①TP312.8

中国版本图书馆 CIP 数据核字(2020)第 192635 号

责任编辑：刘翰鹏
封面设计：傅瑞学
责任校对：刘　静
责任印制：宋　林

出版发行：清华大学出版社
　　网　　址：https://www.tup.com.cn，https://www.wqxuetang.com
　　地　　址：北京清华大学学研大厦 A 座　　**邮　　编**：100084
　　社 总 机：010-62770175　　**邮　　购**：010-62786544
　　投稿与读者服务：010-62776969，c-service@tup.tsinghua.edu.cn
　　质量反馈：010-62772015，zhiliang@tup.tsinghua.edu.cn
印 刷 者：河北盛世彩捷印刷有限公司
装 订 者：河北盛世彩捷印刷有限公司
经　　销：全国新华书店
开　　本：185mm×260mm　　**印　张**：14.5　　**字　　数**：346 千字
版　　次：2021 年 5 月第 1 版　　**印　　次**：2024 年 8 月第2次印刷
定　　价：48.00 元

产品编号：086229-01

前言

本书是《C++程序设计》的配套实验与实践、课程设计教学用书，是按《C++程序设计》教材的内容安排给出配套的练习，并在书后给出了所有实验题目的答案。本书自带基本C++知识点，所以既可以与《C++程序设计》教材同步使用，也可以单独使用，本书适合作为高校各专业C++语言课程的辅助教材。

本书有两条主线：一条主线是用比较典型的题目来学习《C++程序设计》教材中相关内容；另一条主线是围绕同一个项目——“简单汽车信息管理系统”，从最基本的语法题开始由浅入深地指导学生完成项目相关的知识，从汽车种类的定义、汽车中成员各变量的定义入手，把知识点融入“简单汽车信息管理系统”，如求各类汽车的数量等函数的编写，指针、引用等在系统中的应用，用类来封装数据，汽车各类信息以文件的形式保存到磁盘中等。为适应就业，本书以Visual Studio 2015(以下简称VS2015)C++为开发环境，在最后一个实验中教会学生怎样使用界面编程(即“MFC应用程序”)来实现“简单汽车分类管理系统”项目。

本书共13个实验。其中，实验1～实验6主要是C++开发环境，C++语法基础，程序流程控制结构，函数，数组与字符串，指针、引用和结构体方面知识的实例练习；实验7～实验12主要是面向对象程序设计方面的知识；实验13为综合实验，介绍“简单汽车信息管理系统”的分析、设计及实现的过程。实验1～实验12中，每个实验都包括知识结构图、实验示例及实验练习三个方面；其中，实验练习部分包括实验目的、实验要求及实验内容。实验示例及实验内容的题目选取的是经典且趣味性强的题目，以提高学生的编程兴趣；每个实验题目都给出了参考解答。本书旨在通过不断地编程训练，提高学生的编程能力。结合综合案例可相应完成课程设计。

本书由广东理工学院李清霞编写实验8～实验12，陈雪娟编写实验1～实验4及实验13，江涛编写实验5～实验7。

由于编者水平有限，书中难免有不当之处，恳请广大读者批评、指正，以利予提高本书的质量。

编　者

2020年11月

目 录

实 1 验

C++ 开发环境

1.1 知识结构图

实验 1 的知识结构图，如图 1-1 所示。

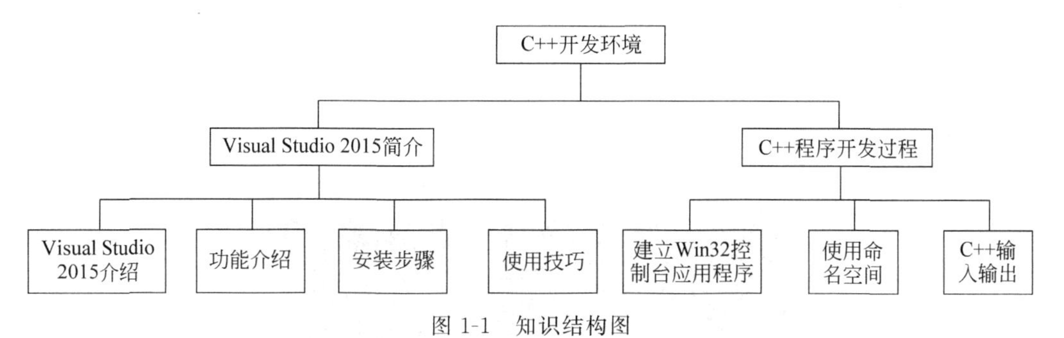

图 1-1 知识结构图

1.2 实验示例

1.2.1 简单 C++ 程序实例

【例 1-1】 一个简单的 C++ 程序，用于显示“Hello C++ !”。

【源程序代码】

```
#include <iostream>                          //载入头文件
using namespace std;                         //使用命名空间 std
int main() {                                 //程序入口
    cout <<"Hello C++!"<<endl;
    return  0;
}
```

【运行结果】 如图 1-2 所示。

【例 1-2】 求 3 个数的平均值，演示 C++ 简单 I/O 格式控制。

【源程序代码】

```
#include <iostream>
using namespace std;
int main() {
    float num1, num2, num3;                  //定义 3 个数
```

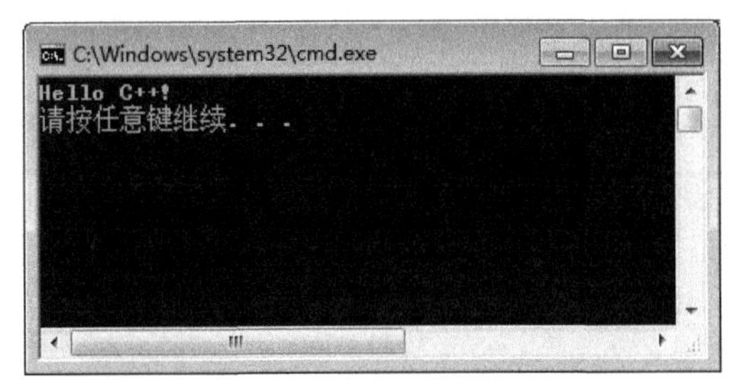

图 1-2 简单 C++ 程序运行结果图

```
    cout <<"请输入 3 个数:";
    cin >>num1 >>num2 >>num3;
    cout <<setw(8) <<setprecision(12);
    cout<<num1 <<" , "<<num2 <<" and "<<num3 <<"的平均值:";
    cout <<" 是:"<<setw(8) <<(num1 +num2 +num3) / 3 <<endl;
    return 0;
}
```

【运行结果】 如图 1-3 所示。

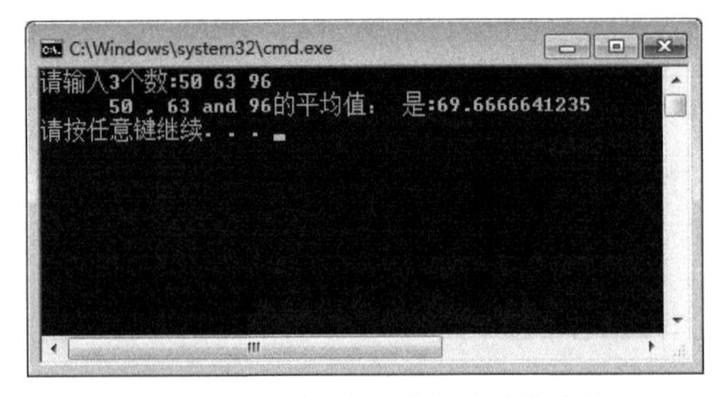

图 1-3 求 3 个数的平均值运行结果图

1.2.2 使用命名空间实例

下面举例说明命名空间定义和使用。

【源程序代码】

```
#include <iostream>
namespace MyOutNames{
    int iVal1 =100;
    int iVal2 =200;
    int iVal3 =300;
    int iVal4 =400;
}
int main(){
    std::cout <<MyOutNames::iVal1 <<std::endl;          //使用 std
    std::cout <<MyOutNames::iVal2 <<std::endl;          //使用命名空间成员
    std::cout <<MyOutNames:: iVal3 <<std::endl;         //使用命名空间成员
    std::cout <<MyOutNames::iVal4 <<std::endl;          //使用命名空间成员
```

```
    return 0;
}
```

【运行结果】 如图 1-4 所示。

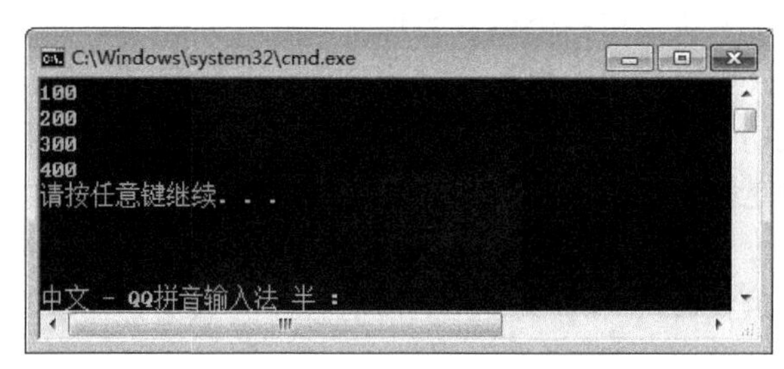

图 1-4 命名空间定义和使用运行结果图

1.2.3 输入/输出实例

【源程序代码】

```
#include <iostream>
using namespace std;
int main(){
    int a, b;
    cout <<"请输入 2 个整数 a 和 b:"<<endl;
    cin >>a >>b;
    cout <<"a 的值是:"<<a <<",b 的值是:"<<b<<endl;
    return 0;
}
```

【运行结果】 如图 1-5 所示。

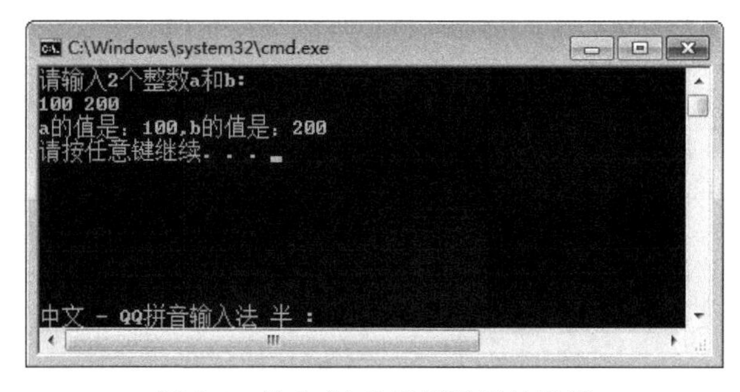

图 1-5 输入/输出实例运行结果图

1.3 实验练习

1.3.1 实验目的和要求

1. 实验目的

(1) 掌握 VS2015 的安装过程。

(2) 掌握使用 VS2015 建立 Win32 控制台应用程序的方法。

(3) 掌握 C++ 程序的开发过程。

2. 实验要求

(1) 将实验中的每个功能用一个函数实现。

(2) 每个程序输入前要有输入提示(如“请输入 2 个整数,中间用空格隔开”);每个输出数据都要求有内容说明(如“280 与 100 的和是 380”)。

(3) 函数名称和变量名称等用英文或英文简写形式(每个单词第一个字母大写)说明。

(4) 在 E 盘中建立“姓名+学号”文件夹,并在该文件夹中创建“实验 1”文件夹(以后每次实验分别创建对应的文件夹),本次实验的所有程序和数据都要求存储到本文件夹中。

1.3.2 实验内容

1. 程序分析题

(1) 阅读下列程序,写出执行结果。

```
#include <iostream>
using namespace std;
int main(){
    cout <<"我想学好 C++语言,只要坚持就能胜利"<<endl;
    return 0;
}
```

运行结果是:______________________________

(2) 阅读下列程序,写出执行结果。

```
#include <iostream>
using namespace std;
int main(){
    cout <<"This "<<"is ";
    cout <<"a "<<"C++";
    cout <<"program."<<endl;
    return 0;
}
```

运行结果是:______________________________

(3) 阅读下列程序,写出执行结果。

```
#include <iostream>
using namespace std;
int main(){
    int a, b, c;
    a =10;
    b =23;
    c =a +b;
    cout <<"a +b =";
    cout <<c <<endl;
    return 0;
```

```
}
```

运行结果是：____

2. 程序填空题

为了使下列程序能顺利运行，请在空白处填上相应的内容。

```
#include _____(1)_____
using namespace std;
int main(){
    float i,j;
    cin >>i >>j;
    _____(2)_____;
    cout <<"i * j =";
    cout <<k <<endl;
    _____(3)_____;
}
```

3. 程序设计题

编写一个程序：任意输入一个四位数，分别输出其千位、百位、十位、个位的值。

C++ 语法基础

2.1 知识结构图

实验 2 的知识结构图，如图 2-1 所示。

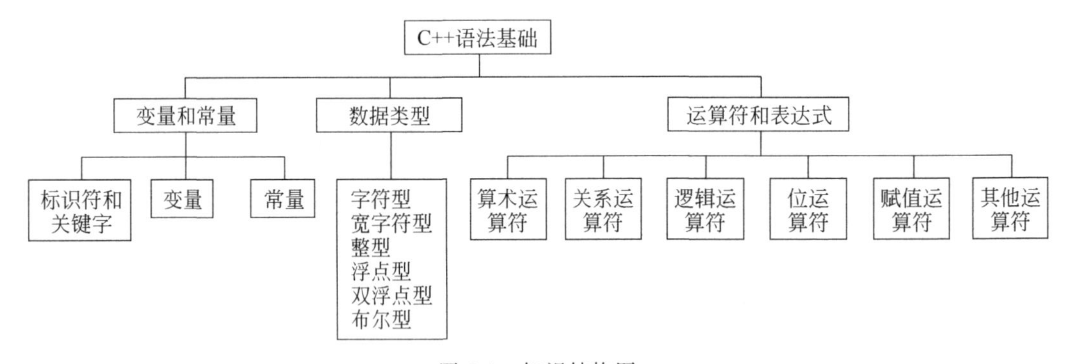

图 2-1 知识结构图

2.2 实验示例

2.2.1 变量和常量实例

【例 2-1】 转义序列的用法。

【源程序代码】

```
#include<iostream>
using namespace std;
int main(){
    cout <<'A' <<'\t' <<';' <<'\n';
    cout <<'\102' <<'\011' <<'\073' <<'\012';
    cout <<'\103' <<'\11' <<'\73' <<'\12';
    cout <<'\x44' <<'\x09' <<'\x3b' <<'\x0a';
    cout <<'\x45' <<'\x9' <<'\x3b' <<'\xa';
    cout <<"\x46\x09\x3b\x0d\x0a";
    cout <<"\xcd\xcd\xcd\xcd\xcd"<<endl;
    return 0;
}
```

【运行结果】 如图 2-2 所示。

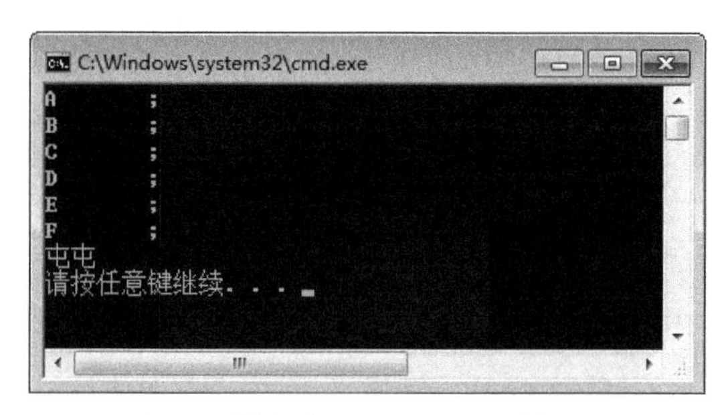

图 2-2 转义序列的用法运行结果图

【例 2-2】 定义变量并赋值,输出值。

【源程序代码】

```
#include<iostream.h>
int main(){
    char c1,c2,c3,c4;
    char n1,n2;
    c1='a';                                     //字符常量
    c2=97;                                      //十进制
    c3='\x61';                                  //转义字符
    c4=0141;                                    //八进制
    cout<<"c1="<<c1<<'\t'<<"c2="<<c2<<endl;
    cout<<"c3="<<c3<<'\t'<<"c4="<<c4<<endl;
    n1='\n';                                    //转义字符:回车
    n2='\t';                                    //转义字符:下一个输出区(Tab)
    cout<<"使用转义字符\n";
    cout<<"c1="<<c1<<n2<<"c2="<<c2<<n1;
    cout<<"c3="<<c3<<n2<<"c4="<<c4<<n1;
    return 0;
}
```

【运行结果】 如图 2-3 所示。

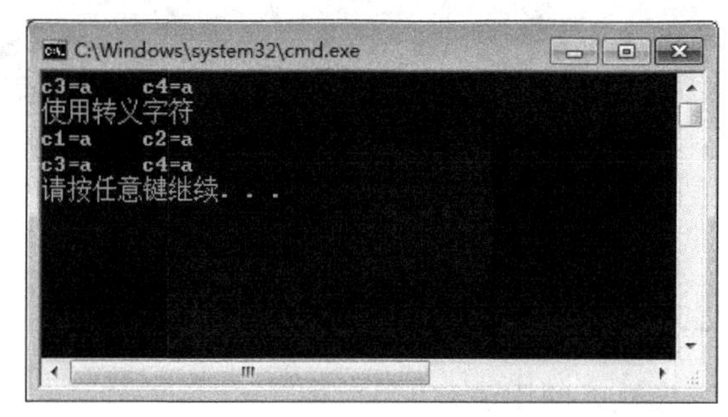

图 2-3 定义变量并赋值运行结果图

2.2.2 数据类型实例

【例 2-3】 定义常用数据类型的变量,并输出变量的值。

【源程序代码】

```
#include "stdafx.h"
#include <iostream>
using namespace std;
int main(){
    bool a =true;
    signed char b ='h';
    wchar_t c ='o';
    signed int d =-221212;
    unsigned int e =25223;
    float f =23355.6;
    double g =28775.36;
    cout <<"a 的值是:"<<a <<endl;
    cout <<"b 的值是:"<<b<<endl;
    cout <<"c 的值是:"<<c <<endl;
    cout <<"d 的值是:"<<d <<endl;
    cout <<"e 的值是:"<<e <<endl;
    cout <<"f 的值是:"<<f <<endl;
    cout <<"g 的值是:"<<g<<endl;
    return 0;
}
```

【运行结果】 如图 2-4 所示。

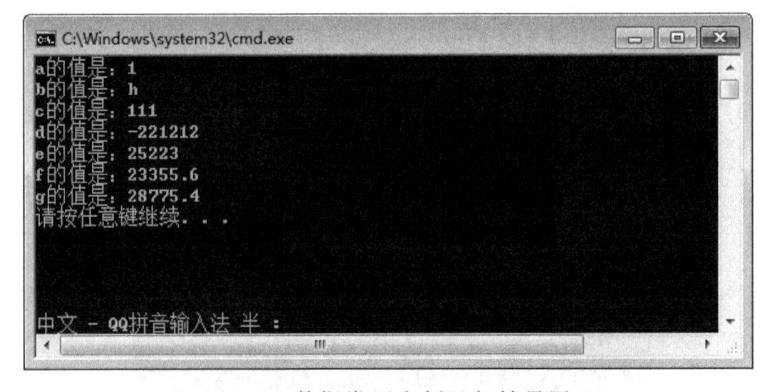

图 2-4 数据类型实例运行结果图

2.2.3 运算符和表达式实例

【例 2-4】 算术运算表达式的用法。

【源程序代码】

```
/**********************************
*        演示算术运算表达式        *
```

```
**********************************/
#include <iostream>
using namespace std;
int main(){
    int a =21;
    int b =10;
    int c;
    c =a +b;
    cout <<"Line 1 -c 的值是 "<<c <<endl;
    c =a -b;
    cout <<"Line 2 -c 的值是 "<<c <<endl;
    c =a * b;
    cout <<"Line 3 -c 的值是 "<<c <<endl;
    c =a / b;
    cout <<"Line 4 -c 的值是 "<<c <<endl;
    c =a %b;
    cout <<"Line 5 -c 的值是 "<<c <<endl;
    int d =10;                                  //测试自增、自减
    c =d++;
    cout <<"Line 6 -c 的值是 "<<c <<endl;
    d =10;                                      //重新赋值
    c =d--;
    cout <<"Line 7 -c 的值是 "<<c <<endl;
    return 0;
}
```

【运行结果】 如图 2-5 所示。

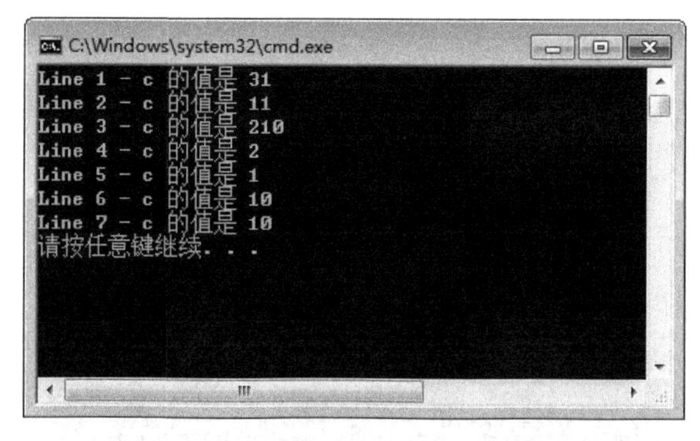

图 2-5　算术运算符表达式运行结果图

【例 2-5】 演示关系运算表达式的用法。

【源程序代码】

```
/**********************************
*        演示关系运算表达式         *
**********************************/
#include <iostream>
using namespace std;
```

```
int main(){
    int a =21;
    int b =10;
    int c;
    if (a ==b){
        cout <<"Line 1 -a 等于 b"<<endl;
    }
    else{
        cout <<"Line 1 -a 不等于 b"<<endl;
    }
    if (a <b){
        cout <<"Line 2 -a 小于 b"<<endl;
    }
    else{
        cout <<"Line 2 -a 不小于 b"<<endl;
    }
    if (a >b){
        cout <<"Line 3 -a 大于 b"<<endl;
    }
    else{
        cout <<"Line 3 -a 不大于 b"<<endl;
    }
    /* 改变 a 和 b 的值 */
    a =5;
    b =20;
    if (a <=b){
        cout <<"Line 4 -a 小于或等于 b"<<endl;
    }
    if (b >=a){
        cout <<"Line 5 -b 大于或等于 a"<<endl;
    }
    return 0;
}
```

【运行结果】 如图 2-6 所示。

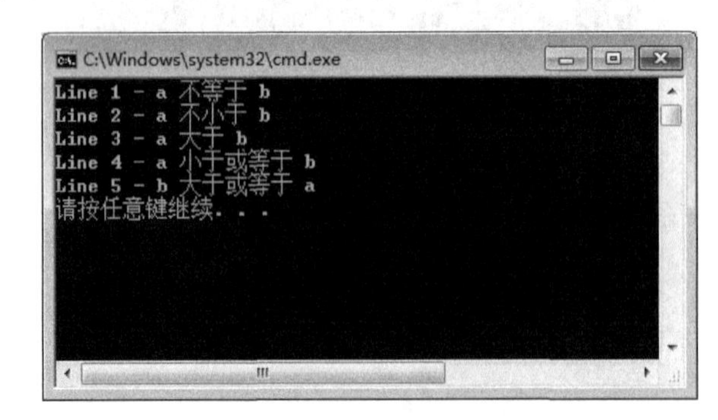

图 2-6 关系运算符表达式运行结果图

【例 2-6】 演示逻辑运算表达式的用法。

【源程序代码】

```
/**********************************
 *        演示逻辑运算表达式        *
**********************************/
#include <iostream>
using namespace std;
int main(){
    int a =5;
    int b =20;
    int c;

    if (a && b){
        cout <<"Line 1 -条件为真"<<endl;
    }
    if (a || b){
        cout <<"Line 2 -条件为真"<<endl;
    }
    /* 改变 a 和 b 的值 */
    a =0;
    b =10;
    if (a && b){
        cout <<"Line 3 -条件为真"<<endl;
    }
    else{
        cout <<"Line 4 -条件不为真"<<endl;
    }
    if (!(a && b)){
        cout <<"Line 5 -条件为真"<<endl;
    }
    return 0;
}
```

【运行结果】 如图 2-7 所示。

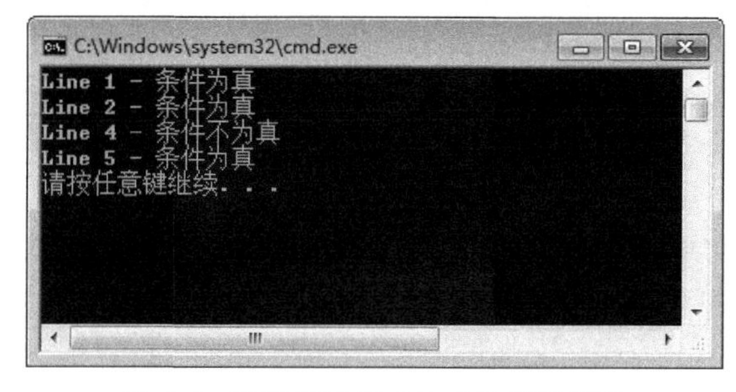

图 2-7 逻辑运算符表达式运行结果图

【例 2-7】 演示位运算符的用法。

【源程序代码】

```
#include <iostream>
using namespace std;
int main(){
    unsigned int a =60;                          //60 =0011 1100
    unsigned int b =13;                          //13 =0000 1101
    int c =0;
    c =a & b;                                    //12 =0000 1100
    cout <<"Line 1 -c 的值是 "<<c <<endl;
    c =a | b;                                    //61 =0011 1101
    cout <<"Line 2 -c 的值是 "<<c <<endl;
    c =a ^ b;                                    //49 =0011 0001
    cout <<"Line 3 -c 的值是 "<<c <<endl;
    c =~a;                                       //-61 =1100 0011
    cout <<"Line 4 -c 的值是 "<<c <<endl;
    c =a <<2;                                    //240 =1111 0000
    cout <<"Line 5 -c 的值是 "<<c <<endl;
    c =a >>2;                                    //15 =0000 1111
    cout <<"Line 6 -c 的值是 "<<c <<endl;
    return 0;
}
```

【运行结果】 如图 2-8 所示。

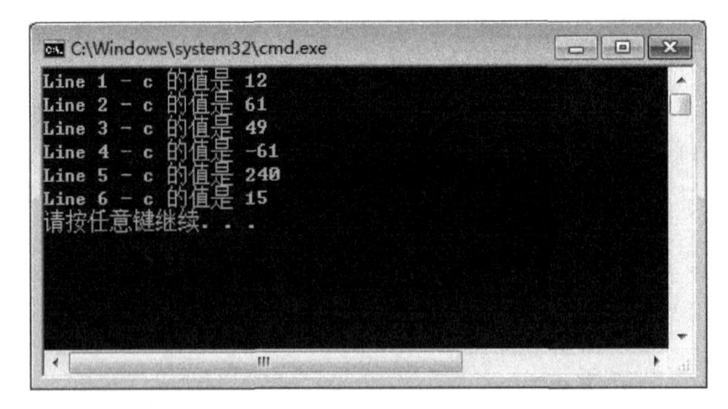

图 2-8 位运算符表达式运行结果图

【例 2-8】 演示赋值运算符的用法。

【源程序代码】

```
#include <iostream>
using namespace std;
int main(){
    int a =21;
    int c;
    c =a;
    cout <<"Line 1 -=  运算符实例,c 的值 =: "<<c <<endl;
```

```
    c +=a;
    cout <<"Line 2 -+=运算符实例,c 的值 =: "<<c <<endl;
    c -=a;
    cout <<"Line 3 --=运算符实例,c 的值 =: "<<c <<endl;
    c *=a;
    cout <<"Line 4 - *=运算符实例,c 的值 =: "<<c <<endl;
    c /=a;
    cout <<"Line 5 -/=运算符实例,c 的值 =: "<<c <<endl;
    c =200;
    c %=a;
    cout <<"Line 6 -%=运算符实例,c 的值 =: "<<c <<endl;
    c <<=2;
    cout <<"Line 7 -<<=运算符实例,c 的值 =: "<<c <<endl;
    c >>=2;
    cout <<"Line 8 ->>=运算符实例,c 的值 =: "<<c <<endl;
    c &=2;
    cout <<"Line 9 -&=运算符实例,c 的值 =: "<<c <<endl;
    c ^=2;
    cout <<"Line 10 -^=运算符实例,c 的值 =: "<<c <<endl;
    c |=2;
    cout <<"Line 11 -|=运算符实例,c 的值 =: "<<c <<endl;
    return 0;
}
```

【运行结果】 如图 2-9 所示。

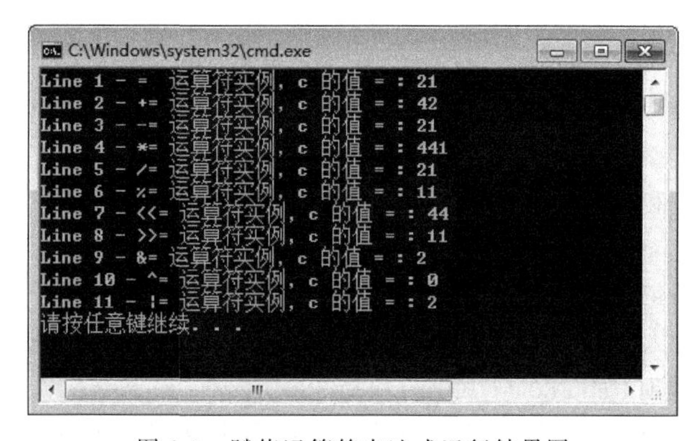

图 2-9　赋值运算符表达式运行结果图

【例 2-9】 演示条件表达式的用法。

【源程序代码】

```
/*********************************
 *          演示条件表达式          *
*********************************/
#include<iostream>
using namespace std;
int main(){
```

```
    int i =10, j =20, k;
    k = (i<j) ? i : j;
    cout <<i <<'\t' <<j <<'\t' <<k <<endl;
    k =i -j ? i +j : i -3 ? j : i;
    cout <<i <<'\t' <<j <<'\t' <<k <<endl;
    return 0;
}
```

【运行结果】 如图 2-10 所示。

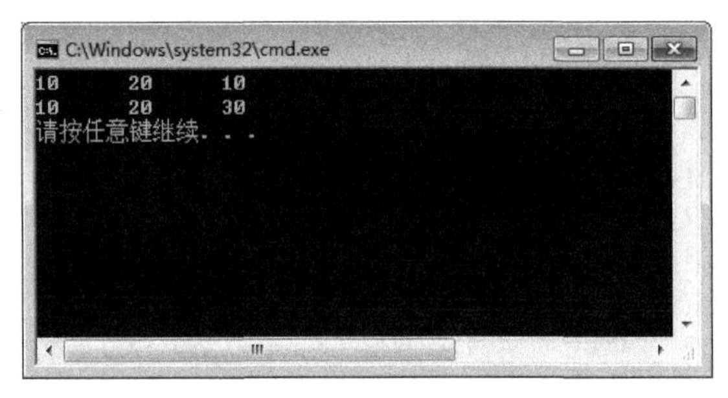

图 2-10　条件运算符表达式运行结果图

2.3 实验练习

2.3.1 实验目的和要求

1. 实验目的

(1) 掌握 C++ 的输入/输出。

(2) 掌握变量和常量的概念。

(3) 掌握数据类型的运用。

(4) 掌握运算符和表达式的运用。

2. 实验要求

(1) 将实验中的每个功能用一个函数实现。

(2) 每个程序输入前要有输入提示(如“请输入 2 个整数,中间用空格隔开”);每个输出数据都要求有内容说明(如"280 与 100 的和是 380”)。

(3) 函数名称和变量名称等用英文或英文简写形式(每个单词第一个字母大写)说明。

(4) 在 E 盘中建立“*姓名+学号*”文件夹,并在该文件夹中创建“实验 2”文件夹(以后每次实验分别创建对应的文件夹),本次实验的所有程序和数据都要求存储到本文件夹中。

2.3.2 实验内容

1. 程序阅读题

(1) 阅读下列程序,写出执行结果。

```
#include<iostream>
using namespace std;
int main(){
```

```
    int a =10;
    bool b =false;
    float c =3.14159f;
    double d =3.14159;
    char e ='b';
    cout <<"a ="<<a <<'\t' ;
    cout <<"b ="<<b <<'\t';
    cout <<"c ="<<c <<'\t';
    cout <<"d ="<<d <<'\t';
    cout <<"e ="<<e <<'\t';
    cout <<  endl;
    return 0;
}
```

运行结果是：________________

(2) 阅读下列程序,写出执行结果。

```
#include<iostream>
using namespace std;
int main(){
    int a =10 ;
    int b =a++;
    cout <<"a ="<<a <<'\t';
    cout <<"b ="<<b <<'\t';
    cout <<  endl;
    return 0;
}
```

运行结果是：________________

(3) 阅读下列程序,写出执行结果。

```
#include<iostream>
using namespace std;
int main(){
    int a =60 ;
    int b =7;
    int c =a%b;
    cout <<"a ="<<a <<'\t';
    cout <<"b ="<<b <<'\t';
    cout <<"c ="<<c <<'\t';
    cout <<  endl;
    return 0;
}
```

运行结果是：________________

(4) 阅读下列程序,写出执行结果。

```
#include<iostream>
using namespace std;
```

```
int main(){
    int a =0;
    cout <<"a++="<<a++<<',';
    cout <<"++a ="<<++a <<',';
    int b =10;
    cout <<"b--="<<b--<<',';
    cout <<"--b ="<<--b <<',';
    bool m;
    m =(5 >6) && (4 ==8);
    cout <<"m="<<  m<<',';
    a =a %2;
    cout <<"result="<<a+1 <<',';
    int c =a * a +2 * a -1;
    cout <<"c ="<<c <<',';
    cout <<  endl;
    return 0;
}
```

运行结果是：____

(5) 阅读下列程序,写出执行结果。

```
#include<iostream>
using namespace std;
int main(){
    int x, y, z;
    x =y =z =1;
    --x && ++y && ++z;
    cout <<x <<'\t' <<y <<'\t' <<z <<endl;
    ++x && ++y && ++z;
    cout <<x <<'\t' <<y <<'\t' <<z <<endl;
    ++x && y--|| ++z;
    cout <<x <<'\t' <<y <<'\t' <<z <<endl;
    return 0;
}
```

运行结果是：____

(6) 阅读下列程序,写出执行结果。

```
#include<iostream>
using namespace std;
int main() {
    unsigned short x =3, y =5;
    cout <<"~x="<<(unsigned short)~x <<endl; //按位求反
    cout <<"~x="<<~x <<endl;                 //按位求反
    cout <<"x&y="<<(x&y) <<endl;             //按位与
    cout <<"x^y="<<(x^y) <<endl;             //按位异或
    cout <<"x|y="<<(x | y) <<endl;           //按位或
    cout <<"x<<1="<<(x <<1) <<endl;          //按位左移
```

```
    cout <<"y>>1="<<(y >>1) <<endl;            //按位右移
    return 0;
}
```

运行结果是：________________________________

2. 程序改错题

(1) 下面的类定义中有 2 处错误,请写出错误代码并改正。

```
#include<iostream>
using namespace std;
int main(){
    int a ;
    cout <<"a ="<<a <<'\t';
    const int b =20;
    b++;
    cout <<"b ="<<b <<'\t';
    cout <<  endl;
    return 0;
}
```

错误代码：________________,改正为：________________。
错误代码：________________,改正为：________________。

(2) 下面的类定义中有 1 处错误,请写出错误代码并改正。

```
#include<iostream>
using namespace std;
int main() {
    int   a;
    a =7 * 2 +-3 %5 -4 / 3;
    b =510 +3.2e3 -5.6 / 0.03;
    cout <<a <<"\t"<<b <<endl;
    int m;
    int n=4;
    a =m++---n;
    cout <<a <<"\t"<<m <<"\t"<<n <<endl;
    return 0;
}
```

错误代码：________________,改正为：________________。
错误代码：________________,改正为：________________。

3. 程序填空题

(1) 将下面的程序补充完整。

```
#include<iostream>
using namespace std;
int main(){
    int a =123456789;
    _____(1)_____ b =3.65f;
```

```
    ______(2)______  c ='h';
    double d =5.36;
    ______(3)______  e=256963696;          //无符号长整数
    int f =a +c;
    float g =(______(4)______) d* a;
    cout <<"a ="<<a <<'\t';
    cout <<"b ="<<b <<'\t';
    cout <<"c ="<<c <<'\t';
    cout <<"d ="<<d <<'\t';
    cout <<"e="<<  e<<'\t';
    cout <<"f ="<<f <<'\t';
    cout <<"g ="<<g <<'\t';
    cout <<  endl;
    return 0;
}
```

(2) 输入矩形的宽和高,求面积和周长,将下面的程序补充完整。

```
#include<iostream>
using namespace std;
int main(){
    double w,h, girth, area;
    cout <<"请输入矩形的宽:"<<endl;
    ______(5)______;
    cout <<"请输入矩形的高:"<<endl;
    ______(6)______;
    girth =______(7)______;
    area =______(8)______;
    cout <<"矩形的周长为:"<<girth <<endl;
    cout <<"矩形的面积为:"<<area <<endl;
    return 0;
}
```

4. 程序设计题

(1) 编写程序实现:输入华氏温度,转换成摄氏温度(摄氏温度=5×(华氏温度−32)/9)。

(2) 输入半径,求圆的面积和周长。

(3) 输入 2 个整形变量的值,交换它们的值输出。

(4) 写字符界面版计算器程序,运行界面如图 2-11 所示。运行时提示输入 2 个操作数,然后输出加减乘除运行结果。

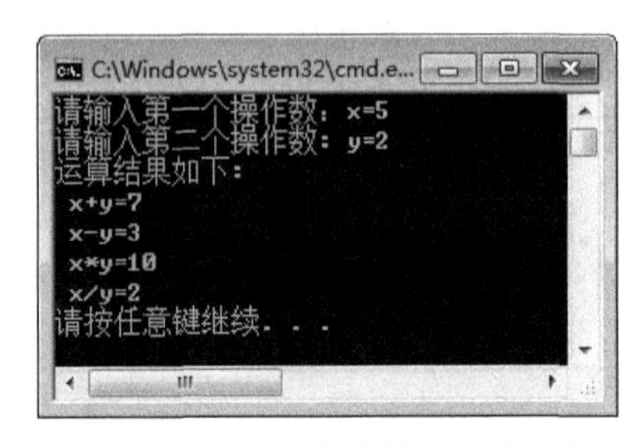

图 2-11 写字符界面版计算器程序运行界面

实验 3

程序流程控制结构

3.1 知识结构图

实验 3 的知识结构图，如图 3-1 所示。

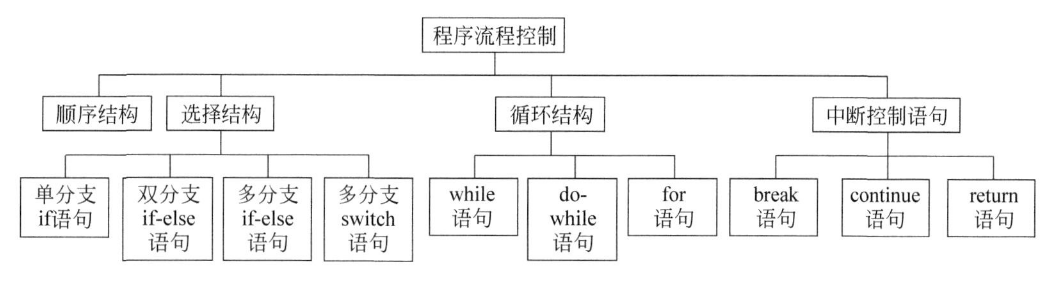

图 3-1 知识结构图

3.2 实验示例

3.2.1 选择结构实例

【例 3-1】 if 单分支程序：从键盘上输入一个自然数，如果是偶数则输出。

【源程序代码】

```
#include<iostream>
using namespace std;
int main(){
    cout <<"请输入一个自然数:\n";
    int num;
    cin >>num;
    if (num %2 ==0){
        cout <<num <<"是偶数\n";
    }
    return 0;
}
```

【运行结果】 如图 3-2 所示。

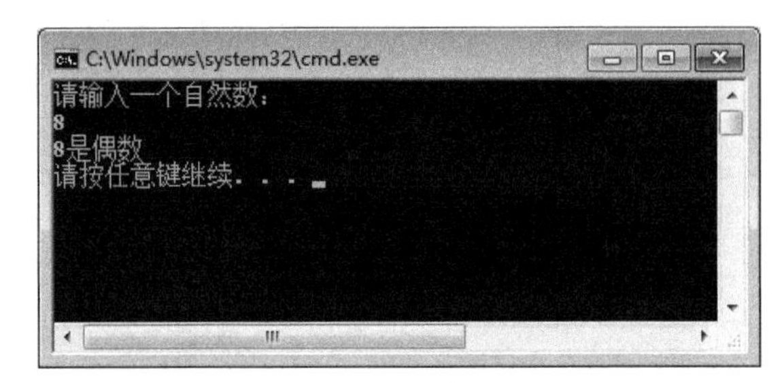

图 3-2 if 单分支程序实例运行结果图

【例 3-2】 if-else 双分支程序：从键盘上输入一个自然数，判断奇偶性。

【源程序代码】

```
#include<iostream>
using namespace std;
int main(){
    cout <<"请输入一个自然数:\n";
    int num;
    cin >>num;
    if (num %2 ==0){
        cout <<num <<"是偶数\n";
    }
    else{
        cout <<num <<"是奇数\n";
    }
    return 0;
}
```

【运行结果】 如图 3-3 所示。

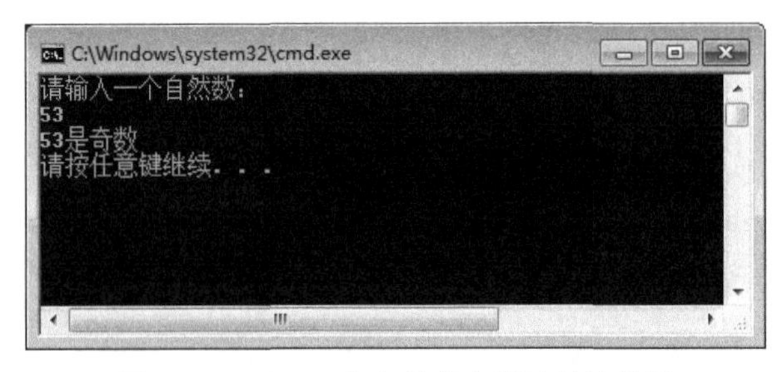

图 3-3 if-else 双分支程序实例运行结果图

【例 3-3】 条件运算符和 if 语句结合，输入 3 个数，求最大数。

【源程序代码】

```
#include <iostream>
using namespace std;
int main(){
    int a,b,c,max;
    cout<<"请输入三个数字:"<<endl;
    cin>>a>>b>>c;
    max=(a>b)?a:b;
```

```
    if(c>max)
        max=c;
    cout<<"最大值:"<<max<<endl;
    return 0;
}
```

【运行结果】 如图 3-4 所示。

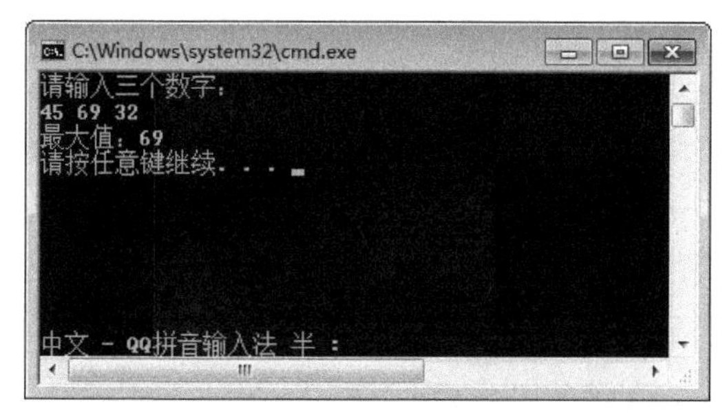

图 3-4 条件运算符和 if 语句程序实例运行结果图

【例 3-4】 if-else 多分支程序(多重 if-else):从键盘上输入某个学生某门课程的成绩。当成绩高于 90 分时,输出 A;成绩为 80～89 分,输出 B;成绩为 70～79 分,输出 C;成绩为 60～69 分,输出 D;成绩不及格(小于 60 分)时输出 E。

【源程序代码】

```
#include<iostream>
using namespace std;
int main(){
    cout <<"请输入学生成绩:\n";
    int num;
    cin >>num;
    if (num >=90) cout <<"A\n";
    else if (num >=80) cout <<"B\n";
    else if (num >=70) cout <<"C\n";
    else if (num >=60) cout <<"D\n";
    else cout <<"E\n";
    return 0;
}
```

【运行结果】 如图 3-5 所示。

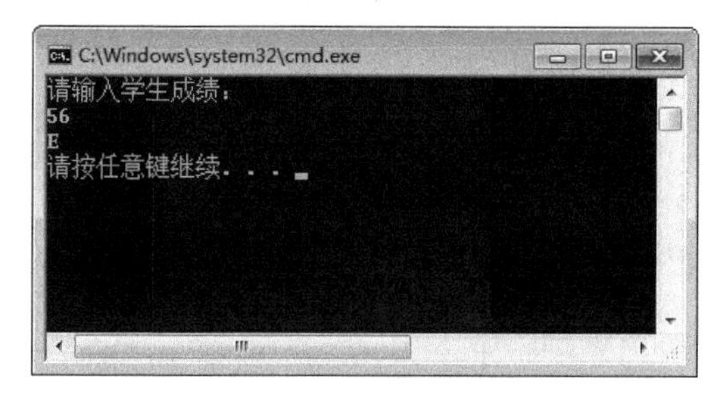

图 3-5 多重 if-else 语句程序实例运行结果图

【例 3-5】 switch-case 分支程序设计：从键盘上输入某个学生某门课程的成绩。当成绩高于 90 分时，输出 A；成绩为 80～89 分，输出 B；成绩为 70～79 分，输出 C；成绩为 60～69 分，输出 D；成绩不及格(小于 60 分)时输出 E。

【源程序代码】

```
#include<iostream>
using namespace std;
int main(){
    cout <<"请输入学生成绩:\n";
    int num;
    cin >>num;
    switch (num/10){
        case 10:
        case 9:cout <<"A\n";break;
        case 8:cout <<"B\n";break;
        case 7:cout <<"C\n";break;
        case 6:cout <<"D\n";break;
        default:cout <<"E\n";break;
    }
    return 0;
}
```

【运行结果】 如图 3-6 所示。

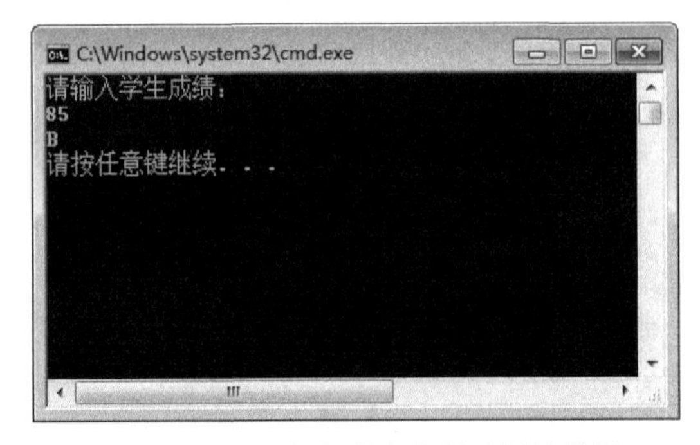

图 3-6 switch 语句程序实例运行结果图

3.2.2 循环结构实例

【例 3-6】 使用 while 语句输出 10 个“早上好”。

【源程序代码】

```
#include<iostream>
using namespace std;
int main(){
    cout <<"请输出 10 个早上好:\n";
    int i=1;
    while (i <=10){
        cout <<"这是第"<<i<<"个早上好\n";
```

```
        i++;
    }
    return 0;
}
```

【运行结果】 如图 3-7 所示。

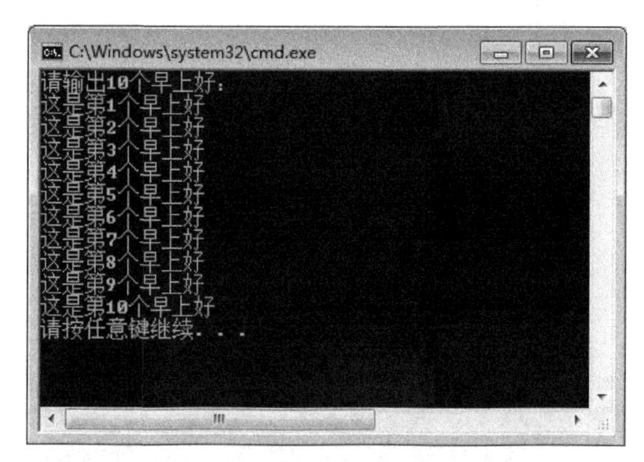

图 3-7 while 循环语句程序实例运行结果图

【例 3-7】 使用 do-while 语句输出 10 个"早上好"。

【源程序代码】

```
#include<iostream>
using namespace std;
int main(){
    cout <<"请输出 10 个早上好:\n";
    int i=1;
    do{
        cout <<"这是第"<<i<<"个早上好\n";
        i++;
    } while (i <=10);
    return 0;
}
```

【运行结果】 如图 3-8 所示。

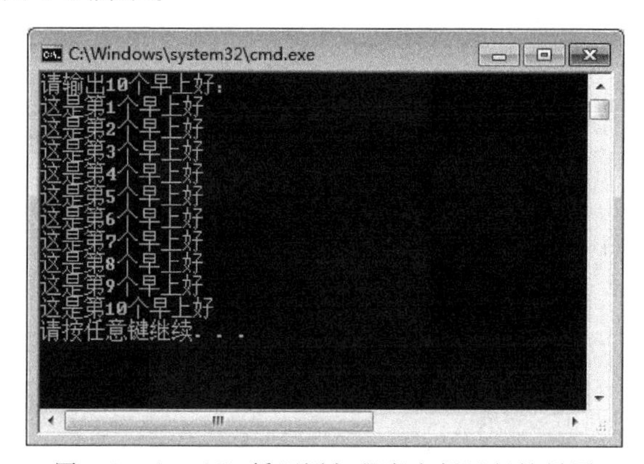

图 3-8 do-while 循环语句程序实例运行结果图

【例 3-8】 使用 for 语句输出 10 个“早上好”。

【源程序代码】

```
#include<iostream>
using namespace std;
int main(){
    cout <<"请输出 10 个早上好:\n";
    for (int i =0; i <=10; i++){
        cout <<"这是第"<<i<<"个早上好\n";
    }
    return 0;
}
```

【运行结果】 如图 3-9 所示。

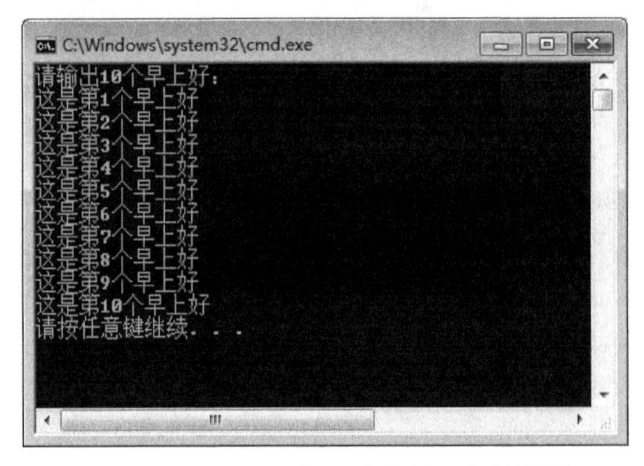

图 3-9 for 循环语句程序实例运行结果图

【例 3-9】 使用多重循环结构程序输出九九乘法表。

【源程序代码】

```
#include<iostream>
using namespace std;
int main(){
    cout <<"请输出九九乘法表:\n";
    int k;
    for (int i =1; i <=9; i++){
        for (int j =1; j <=i; j++){
            k =i * j;
            cout<<i<<"*"<<j<<"="<<k<<"\t";
        }
        cout <<endl;
    }
    return 0;
}
```

【运行结果】 如图 3-10 所示。

```
C:\Windows\system32\cmd.exe
请输出九九乘法表:
1*1=1
2*1=2   2*2=4
3*1=3   3*2=6   3*3=9
4*1=4   4*2=8   4*3=12  4*4=16
5*1=5   5*2=10  5*3=15  5*4=20  5*5=25
6*1=6   6*2=12  6*3=18  6*4=24  6*5=30  6*6=36
7*1=7   7*2=14  7*3=21  7*4=28  7*5=35  7*6=42  7*7=49
8*1=8   8*2=16  8*3=24  8*4=32  8*5=40  8*6=48  8*7=56  8*8=64
9*1=9   9*2=18  9*3=27  9*4=36  9*5=45  9*6=54  9*7=63  9*8=72  9*9=81
请按任意键继续. . .
```

图 3-10　多重循环语句程序实例运行结果图

3.2.3　中断控制语句实例

【例 3-10】　掌握 break 的使用。

【源程序代码】

```
#include<iostream>
using namespace std;
int main(){
    cout <<"break 的使用:\n";
    for (int i =0; i <10; i++){
        if (i==5){
            break;
        }
        cout<<i<<"\t";
    }
    cout <<endl;
    return 0;
}
```

【运行结果】　如图 3-11 所示。

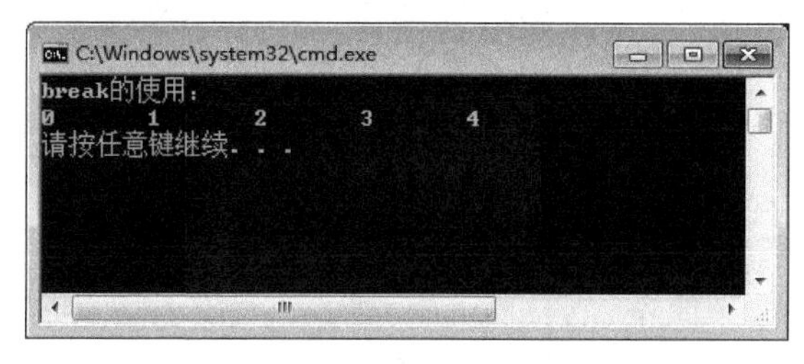

图 3-11　break 语句程序实例运行结果图

【例 3-11】　掌握 continue 的使用,将上面程序中的 break 改为 continue。

【源程序代码】

```
#include<iostream>
using namespace std;
```

```
int main(){
    cout <<"break 的使用:\n";
    for (int i =0; i <10; i++){
        if (i==5){
           continue;
        }
        cout<<i<<"\t";
    }
    cout <<endl;
    return 0;
}
```

【运行结果】 如图 3-12 所示。

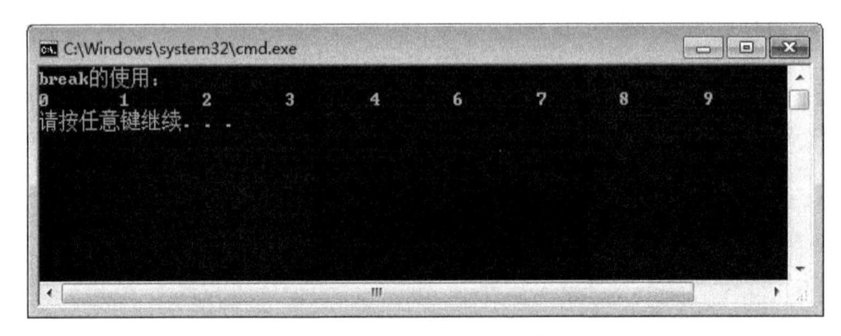

图 3-12　continue 语句程序实例运行结果图

3.2.4　综合实例

输入一批学生成绩，以－1 作为结束标记。

统计这批学生中成绩不及格、及格、中等、良好、优秀的人数。

求这批学生成绩的平均分。

分析：这是一个计数和累加问题。学生数量不确定，但有一个结束标记"－1"。该问题的总体结构是一个循环处理问题，可采用 while 循环，当输入数据为－1 时结束循环。为了统计各种情况的人数，需要设立相应的计数变量，并给其赋初值 0；另外为了求平均分，必须计算总分，也就是计算出所有学生成绩的累加和，然后除以总人数。

【源程序代码】

```
#include<iostream>
using namespace std;
int main(){
    int sum =0, a =0, b =0, c =0, d =0, e =0;
    cout <<"请输入一批学生成绩,以-1 作为结束标记:\n";
    int score;
    cin >>score;
    while (score!=-1){
        cin >>score;
        switch (score/10){
           case 10:
```

```
            case 9: a++; break;
            case 8: b++; break;
            case 7: c++; break;
            case 6: d++; break;
            default: e++;break;
        }
        sum+=score;
    }
    cout <<"优秀人数:"<<a <<endl;
    cout <<"良好人数:"<<b <<endl;
    cout <<"中等人数:"<<c <<endl;
    cout <<"及格人数:"<<d<<endl;
    cout <<"不及格人数:"<<e<<endl;
    cout <<endl;
    return 0;
}
```

【运行结果】 如图 3-13 所示。

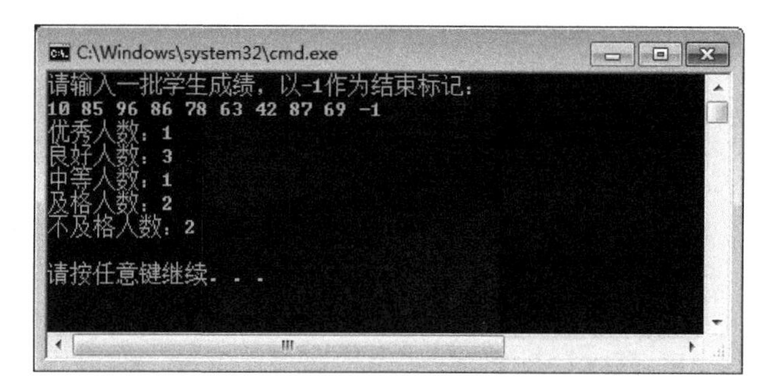

图 3-13 综合实例程序运行结果图

3.3 实验练习

3.3.1 实验目的和要求

1. 实验目的

(1) 掌握单分支 if 语句的使用。

(2) 掌握双分支 if-else 语句的使用。

(3) 掌握多分支 if-else 语句的使用。

(4) 掌握 switch 语句的使用。

(5) 掌握条件的表达技巧。

(6) 初步掌握循环结构程序的设计方法。

(7) 掌握 while、for、do-while 语句的使用。

(8) 初步掌握多重循环结构程序的设计方法。

(9) 掌握 break 和 continue 语句。

2. 实验要求

(1) 将实验中的每个功能用一个函数实现。

(2) 每个程序输入前要有输入提示(如“请输入 2 个整数,中间用空格隔开”);每个输出数据都要求有内容说明(如“280 与 100 的和是 380”)。

(3) 函数名称和变量名称等用英文或英文简写形式(每个单词第一个字母大写)说明。

(4) 在 E 盘中建立“姓名+学号”文件夹,并在该文件夹中创建“实验 3”文件夹(以后每次实验分别创建对应的文件夹),本次实验的所有程序和数据都要求存储到本文件夹中。

3.3.2 实验内容

1. 程序阅读题

(1) 阅读下列程序,写出执行结果。

```
#include<iostream>
using namespace std;
int main(){
    int x =9, y =6, z =12;
    if (x +y >z&&x +z >y&&z +y >x){
        cout <<"三角形"<<endl;
    }
    else{
        cout <<"不是三角形"<<endl;
    }
    return 0;
}
```

运行结果是:______

(2) 阅读下列程序,写出执行结果。

```
#include<iostream>
using namespace std;
int main(){
    int x =1;
    int y =2;
    if (x %2 ==0){
        y++;
    }
    else{
        y--;
    }
    cout <<"y="<<y <<endl;
return 0;
}
```

运行结果是:______

(3) 阅读下列程序,写出执行结果。

```
#include<iostream>
using namespace std;
int main(){
    int a, b, c, d, x;
    a =c =0; b =1;d =20;
    if (a) d =d -10;
    else if (!b)
        if (!c)
            x =15;
        else x =25;
        cout <<d <<endl;
        return 0;
}
```

运行结果是: ________________

(4) 阅读下列程序,写出执行结果。

```
#include<iostream>
using namespace std;
int main(){
    int a =0, b =1;
        switch (a){
            case 0: switch (b)
            {
                case 0:cout <<"a ="<<a <<" b ="<<b <<endl; break;
                case 1:cout <<"a ="<<a <<" b ="<<b <<endl; break;
            }
                case 1:a++; b++;cout <<"a ="<<a <<" b ="<<b <<endl;
        }
        return 0;
}
```

运行结果是: ________________

(5) 阅读下列程序,写出执行结果。

```
#include<iostream>
using namespace std;
int main(){
    int i =1;
    while (i <=10){
        if (++i %3 !=1)
             continue;
        else cout <<i <<"";
    }
        cout <<endl;
        return 0;
}
```

运行结果是：________________

(6) 阅读下列程序，写出执行结果。

```
#include<iostream>
using namespace std;
int main(){
    int i, j, x =0;
    for (i =0;i <=3;i++){
        x++;
        for (j =0;j <=3;j++){
            if (j %2) continue;
            x++;
        }
        x++;
    }
    cout <<"x ="<<x ;
    cout <<endl;
    return 0;
}
```

运行结果是：________________

2. 程序改错题

(1) 求 1 到 100 之间能被 7 整除的数的和。下面的程序中有 2 处错误，请写出错误代码并改正。

```
#include<iostream>
using namespace std;
int main(){
int i =1;
int sum =1;
while (i<=100){
    if (i %7!=0){
        sum +=i;
        i++;
    }
    cout <<"1 到 100 的能被 7 整除的数的和:"<<sum;
    cout <<endl;
    return 0;
}
```

错误代码：________________，改正为：________________。

错误代码：________________，改正为：________________。

(2) 判定输入的年份是否是闰年(被 4 整除且不能被 100 整除的年份是闰年或者被 400 整除年份的是闰年)。下面的程序中有 2 处错误，请写出错误代码并改正。

```
#include<iostream>
using namespace std;
```

```
int main(){
    int year;
    cin >>year;
        if ((year%4==0&&year%100!=0)&&year%400==0)
            cout <<year<<"是闰年" ;
        else if
            cout <<year <<"不是闰年";
        cout <<endl;
        return 0;
}
```

错误代码：____________________，改正为：____________________。

错误代码：____________________，改正为：____________________。

(3) 求 1－2＋3－4＋…－100 的值。下面的程序中有 2 处错误，请写出错误代码并改正。

```
#include <iostream>
using namespace std;
int main(){
    int a,s=0,s1=0,s2=0;
    for(a=1;a<101;a++,a++){
        s1+=a;
    }
    for(a=-2;a>-101;a=a+2){
        s2=s2+a;
    }
    s=s1-s2;
    cout<<s<<endl;
    return 0;
}
```

错误代码：____________________，改正为：____________________。

错误代码：____________________，改正为：____________________。

3. 程序填空题

(1) 求任意整数十位上的数字。将下面的程序补充完整。

```
#include <iostream>
using namespace std;
int main(){
    int m,n,x;
    cout<<"请输入一个数:";
    _______(1)_______;
    n=m%10;
    m=(m-n)/10;
    _______(2)_______;
    cout<<endl;
    cout<<"其十位数为:"<<x<<endl;
    return 0;
}
```

(2) 求 1+1/2+1/3+…+1/100 的值。将下面的程序补充完整。

```
#include <iostream>
using namespace std;
int main(){
    float a,m;
    float s=0;
    for(a=1;__________(3)__________;a++){
    m=1/a;
    __________(4)__________;
    }
    cout<<"s="<<s<<endl;
    return 0;
}
```

(3) 输入 3 个实数,判断能否构成三角形;若能,说明是何种类型的三角形。将下面的程序补充完整。

```
#include <iostream>
using namespace std;
int main(){
    int a,b,c;
    cout<<"请输入任意三个数:";
    cin>>a>>b>>c;
    if((a+b)>c&&(a+c)>b&&(b+c)>a&&(a-b)<c&&(a-c)<b&&(b-c)<a){
        if(__________(5)__________)
            cout<<"是等腰三角形";
        else if(a==b&&a==c)
        __________(6)__________;
        else if(a*a+b*b==c*c||a*a+c*c==b*b||b*b+c*c==a*a)
            cout<<"是直角三角形";

        else cout<<"是普通三角形";
    }
    else cout<<"不可以构成三角形。"<<endl;
    return 0;
}
```

(4) 从键盘输入 1 个整数,判断它是否为素数。将下面的程序补充完整。

```
#include<iostream>
#include<cmath>
using namespace std;
int main(){
    int i,n,m;
    cout<<"请输入一个数:"<<endl;
    cin>>n;
    m=__________(7)__________;
    for(i=2;i<=m;i++)
        if(n%i==0)
        break;
        if(__________(8)__________)
```

```
            cout<<n<<"是素数。"<<endl;

          else
            cout<<n<<"不是素数。"<<endl;
      return 0;
  }
```

4. 程序设计题

(1) 假设邮寄包裹的运费计费标准见表 3-1。编写一个程序：输入包裹重量以及邮寄距离，计算出邮资。

表 3-1　邮寄包裹的运费计费标准(假设)

重量/克	邮资/(元/件)
10	5
30	9
50	12
60	14(每满 1000 公里加收 1 元)
70 及以上	15(每满 1000 公里加收 1 元)

(2) 输出所有的“水仙花数”。“水仙花数”是指一个三位数，其各位数字的立方体和等于该数本身。例如，153 为一个水仙花数，因为 $153=1^3+5^3+3^3$。

(3) 求 1! +2! +3! +…+10! 的值。

(4) 从键盘输入一个整数，判断该数是否为回文数。回文数就是从左到右读与从右向左读都是一样的数。例如 7887、23432 都是回文数。

(5) 编写程序：实现华氏温度与摄氏温度的互相转换，摄氏温度=5/9(华氏温度−32)。

(6) 打印形状为直角三角形的九九乘法表。

(7) 输入任意的正整数，将其各位分离出来。求它是几位数；求其各位上数字的和；求其逆值。

(8) 一个正整数如果恰好等于它的因子之和，那么这个数称为“完数”，如 6=1+2+3。求 1000 以内所有的完数，每行 5 个。

(9) 百马百担问题。有 100 匹马，驮 100 担货，大马驮 3 担，中马驮 2 担，2 匹小马驮 1 担。问有大中小马各多少匹，共有多少组解？

(10) 数列 1,2,2,3,3,3,4,4,4,4,5,…求第 100 个数。

(11) 输入任意的 a、b、c 的值，求一元二次方程 $ax^2+bx+c=0$ 的根。

(12) 我国古代著名的孙子定理也称韩信点兵。

//用现代语言讲是：有一个数，用 3 除余 2，用 5 除余 3，用 7 除余 2，求满足条件的最小数。

(13) 求 3 到 1000 之间的所有素数的和。

(14) 鸡兔同笼一共有 40 只脚，求鸡兔各有多少只，总共有多少种组合？

(15) 换零钱。把一元钱全兑换成硬币(1 分、2 分、5 分)，有多少种兑换方法？

(16) 输入年月日，判断它是该年的第几天。

(17) 假定 2007 年 1 月 1 日是星期三，打印出该年的日历(仿照台历或挂历样式)。

实验 4　函　　数

4.1　知识结构图

实验 4 中的知识结构图,如图 4-1 所示。

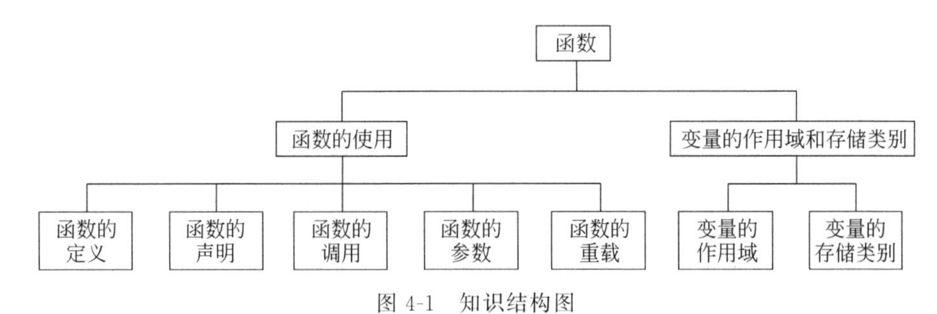

图 4-1　知识结构图

4.2　实验示例

4.2.1　函数定义和调用实例

【例 4-1】 用函数实现输入 2 个整数,并输出其中较大数。

【源程序代码】

```
#include <iostream>
using namespace std;
int max(int a,int b){          //注意,每个形参都要独立类型说明,int max(int a,b)是错的
    if(a>b)return a;
    else return b;
}
int main(){
    int max(int a,int b);   //函数声明,函数定义在函数使用前面,这里声明可省略
    int x,y,z;
    cout<<"input two numbers"<<endl;
    cin>>x>>y;
    z=max(x,y);
    cout<<"maxmum="<<z<<endl;
    return 0;
}
```

【运行结果】 如图 4-2 所示。

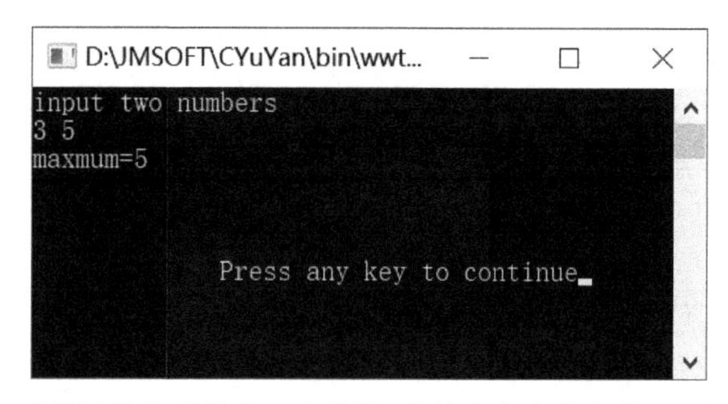

图 4-2 “用函数实现输入 2 个整数，并输出其中较大数”运行结果图

【例 4-2】 输入 2 个整数，求它们的平方和。

【源程序代码】

```
#include <iostream>
using namespace std;
int fun2(int m){
    int multi;
    multi=m*m;
    return multi;
}
int fun1(int x,int y){
    int result;
    result=fun2(x)+fun2(y);
    return result;
}
int main(){
    int a,b;
    cin>>a>>b;
    cout<<"a、b的平方和:"<<fun1(a,b)<<endl;
    return 0;
}
```

【运行结果】 如图 4-3 所示。

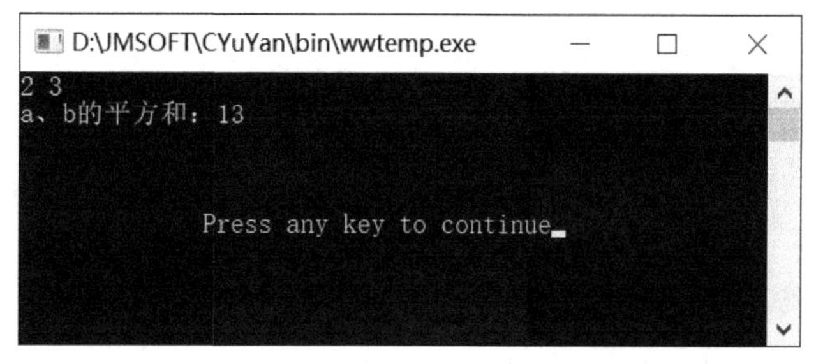

图 4-3 “输入 2 个整数，求它们的平方和”运行结果图

4.2.2 函数声明实例

【源程序代码】

```
#include <iostream>
using namespace std;
/*函数的声明*/
void ShowNumber(int iNumber);                          //声明函数
int main(){
    int iShowNumber;
    cout<<"What Number do you wanna show?"<<endl;
    cin>>iShowNumber;
    ShowNumber(iShowNumber);                           //调用函数
    return 0;
}
void ShowNumber(int iNumber){                          //函数的定义
    cout<<"You wanna to show the Number is:"<<iNumber<<endl;
}
```

【运行结果】 如图 4-4 所示。

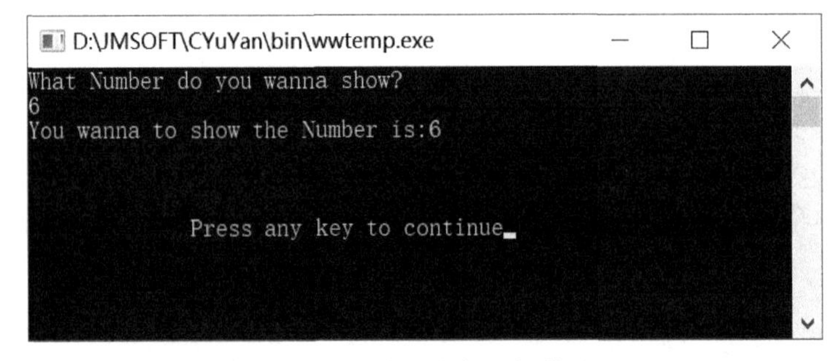

图 4-4 函数声明实例运行结果图

4.2.3 函数调用时数据传递实例

用编程求 $C_n^m=\dfrac{n!}{m!\cdot(n-m)!}$ 的值。

【源程序代码】

```
#include <iostream>
using namespace std;
float fac(int k){
    float  t=1.0;  int i;
    for(i=1;i<=k;i++)  t*=i;
    return  t;
}
int main(){
    float  c;
    int  m,n;
```

```
    cout<<"input  m,n:"<<endl;
    cin>>m>>n;
    c=fac(n)/(fac(m) * fac(n-m));
    cout<<c<<endl;
    return 0;
}
```

【运行结果】 如图 4-5 所示。

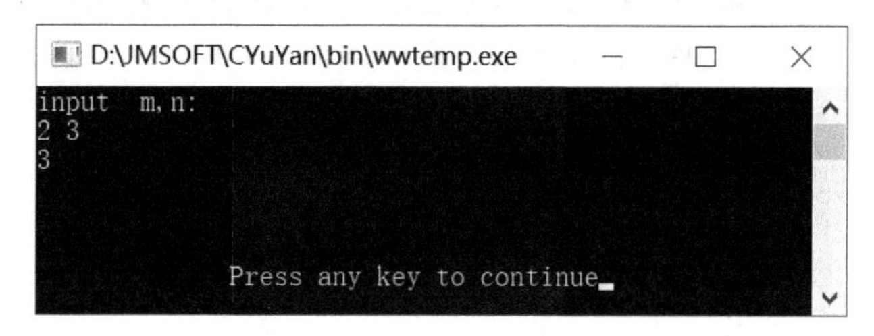

图 4-5 函数调用时数据传递实例运行结果图

4.2.4 函数嵌套调用实例

用编程计算 $s=2^2!+3^2!$的值。

【源程序代码】

```
/* 计算 s=2^2 !+3^2 ! */
#include <iostream>
using namespace std;
long fun1(int p){
    int k; long r;
    long fun2(int);
    k=p * p;
    r=fun2(k);
    return r;
}
long fun2(int q){
    long c=1; int i;
    for(i=1;i<=q;i++) c=c * i;
    return c;
}
int main(){
    int i; long s=0;
    for (i=2;i<=3;i++) s=s+fun1(i);
    cout<<"s="<<s<<endl;
    return 0;
}
```

【运行结果】 如图 4-6 所示。

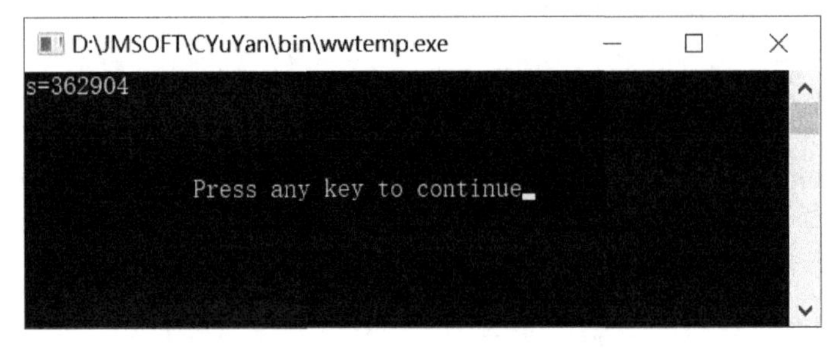

图 4-6　函数嵌套调用实例运行结果图

4.2.5　函数递归调用实例

用递归法计算 $n!$ $(1\times2\times3\times\cdots\times n)$的值。

$n!$ 可用下述公式表示：

$$\begin{cases} n!=1 & (n=0,1) \\ n!=n\times(n-1)! & (n>1) \end{cases}$$

【源程序代码】

```
#include <iostream>
using namespace std;
int f(int n){

    if(n==1) return 1;
    else return f(n-1) * n;
}
int main(){
    int n;  int y;
    cout<<"输入数:\n";
    cin>>n;
    y=f(n);                                    /* 调用求 n 的阶乘函数 */
    cout<<y<<endl;
    return 0;
}
```

【运行结果】　如图 4-7 所示。

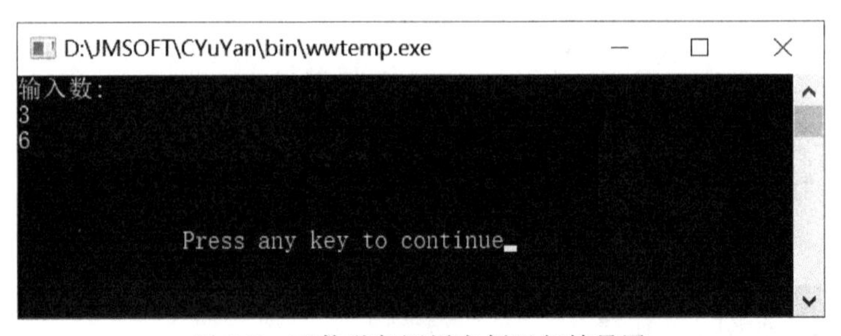

图 4-7　函数递归调用实例运行结果图

4.2.6 数组作为函数参数实例

下列程序在主函数中初始化一个矩阵并输出每个元素,然后调用子函数,分别计算每一行的元素之和将计算出的和直接存放在每行的第一个元素中,返回主函数之后输出各行元素的和。

【源程序代码】

```
#include <iostream>
using namespace std;
void rowsum(int a[][4],int nRow){        //计算二维数组 a 每行元素的值的和,nRow 是行数
    for(int i=0;i<nRow;i++)
    for(int j=1;j<4;j++)
    a[i][0]+=a[i][j];
}
int main(){
    int table[3][4]={{1,2,3,4},{2,3,4,5},{3,4,5,6}};     //声明并初始化数组
    for(int i=0;i<3;i++){
    for(int j=0;j<4;j++)
    cout<<table[i][j]<<"";
    cout<<endl;}
    rowsum(table,3);                                     //调用子函数,计算各行和
    for(int k=0;k<3;k++)                                 //输出计算结果
    cout<<"Sum of row"<<k<<"is:"<<table[k][0]<<endl;
    return 0;
}
```

【运行结果】 如图 4-8 所示。

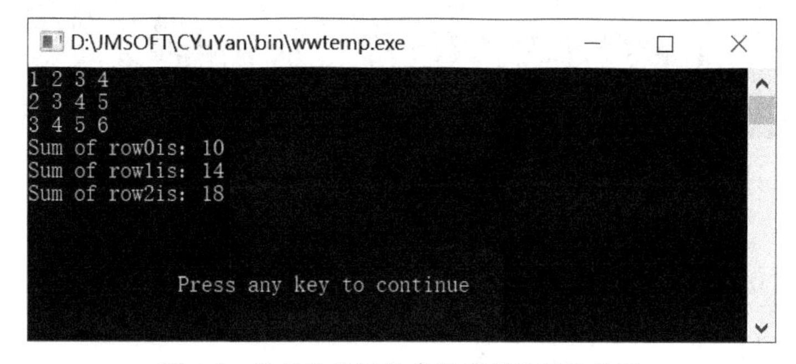

图 4-8 数组作为函数参数实例运行结果图

4.2.7 函数重载实例

【源程序代码】

```
#include <iostream>
using namespace std;
int add(int x,int y){
    cout<<"(int, int)\t";
```

```
    return x+y;
}
double add(double x,double y){
    cout<<"(double, double)\t";
    return x+y;
}
int add(int x,double y){
    cout<<"(int, double)\t";
    return int(x+y);
}
double add(double x,int y){
    cout<<"(double,int)\t";
    return x+y;
}
int main(){
    cout<<add(9,8)<<endl;
    cout<<add(9.0,8.0)<<endl;
    cout<<add(9,8.0)<<endl;
    cout<<add(9.0,8)<<endl;
    return 0;
}
```

【运行结果】 如图 4-9 所示。

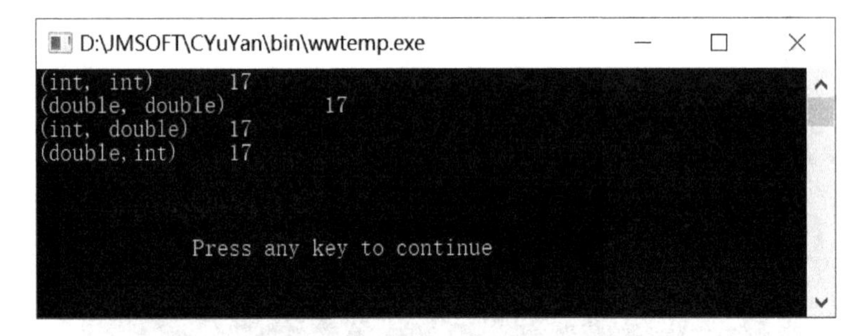

图 4-9　函数重载实例运行结果图

4.2.8　局部变量和全局变量实例

【源程序代码】

```
#include <iostream>
using namespace std;
int a=13,b=29,c=5;                    //a、b、c 为全局变量
int max(int a,int b ){                //a、b 为局部变量
    c=a>b?a:b;
    return(c);
}                                     //局部变量 a、b 的作用范围
int main(){
    int a=-6;c=4;
```

```
    cout<<max(a,b)<<""<<c<<endl;
    return 0;
}
```

【运行结果】 如图 4-10 所示。

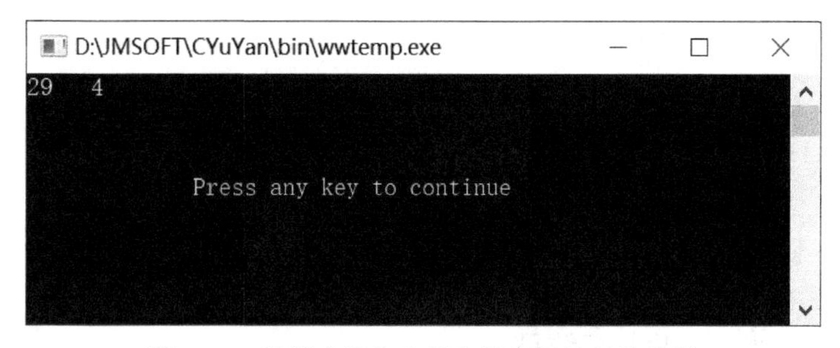

图 4-10 局部变量和全局变量实例运行结果图

4.3 实验练习

4.3.1 实验目的和要求

1. 实验目的

(1) 理解函数在程序中的功能。

(2) 掌握函数的定义、声明及调用。

(3) 掌握递归函数的定义和调用方法。

(4) 理解函数重载的概念。

(5) 理解局部变量和全局变量的概念。

2. 实验要求

(1) 将实验中的每个功能用一个函数实现。

(2) 每个输入前要有输入提示(如"请输入 2 个整数,中间用空格隔开");每个输出数据都要求有内容说明(如"280 与 100 的和是 380")。

(3) 函数名称和变量名称等用英文或英文简写形式(每个单词第一个字母大写)说明。

(4) 在 E 盘中建立"*姓名+学号*"文件夹,并在该文件夹中创建"实验 4"文件夹(以后每次实验分别创建对应的文件夹),本次实验的所有程序和数据都要求存储到本文件夹中。

4.3.2 实验内容

1. 程序分析题

(1) 阅读下列程序,写出执行结果。

```
#include <iostream>
using namespace std;
void incx();
void incy();
int main(){
    incx();incy();incx();incy();
```

```
    incx();incy();
    return 0;
}
void incx(){
    int x=0;
    cout<<"\nx="<<++x;
}
void incy(){
    static int y=0;
    cout<<"\ny="<<++y;
}
```

运行结果是：________________________________

(2) 阅读下列程序,写出执行结果。

```
#include <iostream>
using namespace std;
int i=3;
int main(){
    int i=1;
    int fun1(int);
    int fun2(int);
    cout<<i<<endl;
    fun1(i);
    fun2(i);
    return 0;
}
int fun1(int n){
    cout<<i+n<<endl;
    return 0;
}
int fun2(int n){
    int i=2;
    cout<<i+n<<endl;
    return 0;
}
```

运行结果是：________________________________

(3) 写出以下程序运行结果。

```
#include <iostream>
using namespace std;
int fun(int x,int y){
    cout<<x<<'\t'<<y<<endl;
    return(x>y?x:y);
}
int main(){
    int a=3,b=6,k=4,m;
```

```
    m=fun(fun(a,b),fun(b,k));
    cout<<"m="<<m<<endl;
    return 0;
}
```

运行结果是：______________________________

2. 程序改错题

以下程序用于求$(1!)^2+(2!)^2+(3!)^2+(4!)^2+(5!)^2$的值，其中函数 f1()用来求阶乘，函数 f2()调用函数 f1()用来求阶乘的平方，请写出错误代码并改正。

```
#include <iostream>
using namespace std;
int f1(int m){
    int i,c=1;
    for(i=1,i<=m,i++)
        c=c*i;
    return c;
}
int f2(n){
    int r;
    r=f1(n);
    return r*r;
}
void main(){
    int i,s=0;
    for(i=1;i<5;i++)
        s=s+f2(i);
    cout<<"s="<<s<<endl;
}
```

错误代码：______________，改正为：______________。
错误代码：______________，改正为：______________。
错误代码：______________，改正为：______________。

3. 程序填空题

为了使下列程序能顺利运行，请在空白处填上相应的内容。

(1) 任意输入 10 个同学的成绩，计算平均成绩。要求用函数 average()计算平均成绩，主函数输入数据并输出结果。

```
#include <iostream>
using namespace std;
void main(){
    float average(float a[]);
    float score[10];
    for(______(1)______){
        cin>>score[i];
    }
    cout<<"average:"<<average(score)<<endl;
```

```
}
float average(float a[]){
    float sum=0;
    for(int i=0;i<10;i++){
    ___________(2)___________;
      }
    return(sum/10);
}
```

(2) 使用递归法求斐波那契数列前 10 项。

```
#include <iostream>
using namespace std;
int fib(int n){
    if (___________(3)___________)    return 1;
    else
    return ___________(4)___________;
}
int main()
{
    int i;
    for(i=1;i<=10;i++)
    cout <<  fib(i) <<",";
    return 0;
}
```

4. 程序设计题

(1) 编写一个函数,判断一个数是否是素数。若为素数则返回 1,否则返回 0。在主函数中通过调用该函数判断 2～100 的所有素数,并输出。

(2) 设计一个递归函数 $f(x,y)$,求 x 的 y 次幂(x、y 由用户输入)。

(3) 编写重载函数 max,分别求取两个整数、三个整数及两个浮点数、三个浮点数的最大值。在主函数中根据定义的数据类型不同,调用不同的重载函数。

实 5 验

数组与字符串

5.1 知识结构图

实验 5 中的知识结构图，如图 5-1 所示。

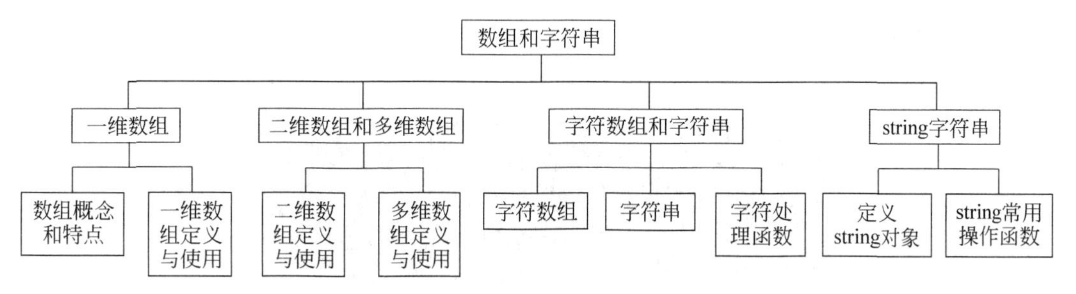

图 5-1 知识结构图

5.2 实验示例

5.2.1 一维数组实例

【例 5-1】 用键盘输入一组学生成绩（最多 10 个学生），当输入一个负数时，输入完毕。输出单个学生的成绩，并求总分、平均分、最高分和最低分。

【源程序代码】

```
#include <iostream>
using namespace std;
int main(){
    const int MaxN =10;
    int n, a[MaxN], i;
    cout <<"请输入一组学生成绩:"<<endl;
    for (n =0;n <MaxN;n++){
        cin >>a[n];                              //输入数组元素
        if (a[n] <0)
            break;
    }
    int sum =0, max =a[0],min =a[0],avg;
    for (i =0;i <n;i++){
```

```
        cout <<a[i] <<",\t";
        sum +=a[i];
        if (max <a[i]) max =a[i];
        if (min >a[i]) max =a[i];
    }
    cout <<endl;
    avg =sum / n;
    cout <<"学生的人数:"<<n<<endl;
    cout <<"学生的总分是:"<<sum <<endl;
    cout <<"学生的平均分是:"<<avg <<endl;
    cout <<"学生的最高分是:"<<max <<endl;
    cout <<"学生的最低分是:"<<min<<endl;
    return 0;
}
```

【运行结果】 如图 5-2 所示。

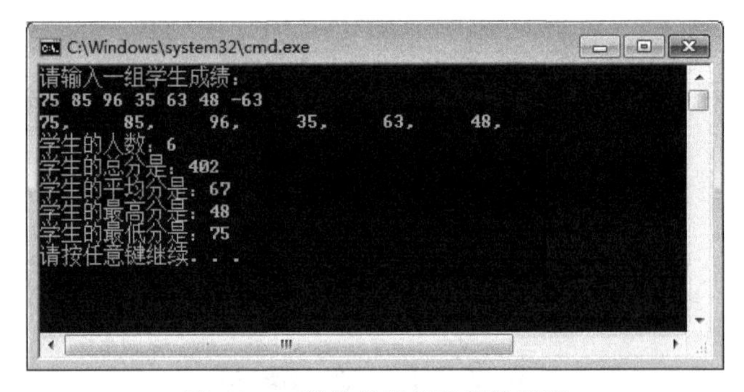

图 5-2　一维数组实例运行结果图

【例 5-2】 用键盘输入一组学生成绩(最多 10 个学生),当输入一个负数时,输入完毕。将这组成绩按升序排列。

提示:采用直观的“选择排序法”进行排序,基本步骤如下。

① 将 a[0]依次与 a[1]~a[$n-1$]比较,选出大者与 a[0]交换;最后 a[0]为 a[0]~a[$n-1$]中最大者。

② 将 a[1]依次与 a[2]~a[$n-1$]比较,选出大者与 a[1]交换;最后 a[1]为 a[1]~a[$n-1$]中最大者。

③ 同理,从 $i=2$ 到 $i=n-1$,将 a[i]依次与 a[$i+1$]~a[$n-1$]比较,选出较大者存于 a[i]中。

【源程序代码】

```
#include <iostream>
using namespace std;
int main(){
    const int MaxN =10;
    int n, a[MaxN], i,j;
    cout <<"请输入一组学生成绩:"<<endl;
    for (n =0;n <MaxN;n++){
```

```
        cin >>a[n];                         //输入数组元素
        if (a [n] <0)
            break;
    }
    cout <<"学生成绩个数:"<<n <<endl;
    cout <<"未排序的成绩::"<<endl;
    for (i =0;i<n;i++)
         cout <<a[i] <<",\t";
    cout <<endl;
    cout  <<"已排序的成绩::"<<endl;
    for (i =0;i<n -1;i++)
        for (j =i +1;j<n;j++)               //从待排序序列中选择一个最大的数组元素
            if (a[i]<a[j]){
                int t;
                t =a[i];                    //交换数组元素
                a[i] =a[j];
                a[j] =t;
            }
    for (i =0;i<n;i++)
        cout <<a[i] <<", \t";               //显示排序结果
    cout <<endl;
    return 0;
}
```

【运行结果】 如图 5-3 所示。

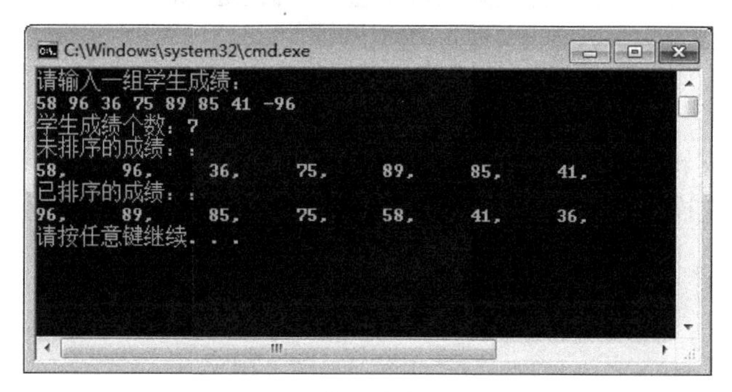

图 5-3 一维数组实例运行结果图

5.2.2 二维数组实例

【例 5-3】 输入一个 2×3 大小的二维数组，输入完毕后再全部输出。

【源程序代码】

```
#include<iostream>
using namespace std;
int main(){
    int a[2][3];
    int i, j;                               //循环控制
```

```
    cout <<"请输入二维数组元素,2行3列共6个:"<<endl;
    for (i =0; i <2; i++){                          //输入数据
        for (j =0; j <3; j++)
            cin >>a[i][j];
        cout <<endl;
    }
    cout <<"请输出刚才输入的二维数组元素:"<<endl;
    for (i =0; i <2; i++){                          //将数组中的元素全部输出
        for (j =0; j <3; j++)
            cout <<a[i][j] <<"";
        cout <<endl;
    }
    return 0;
}
```

【运行结果】 如图5-4所示。

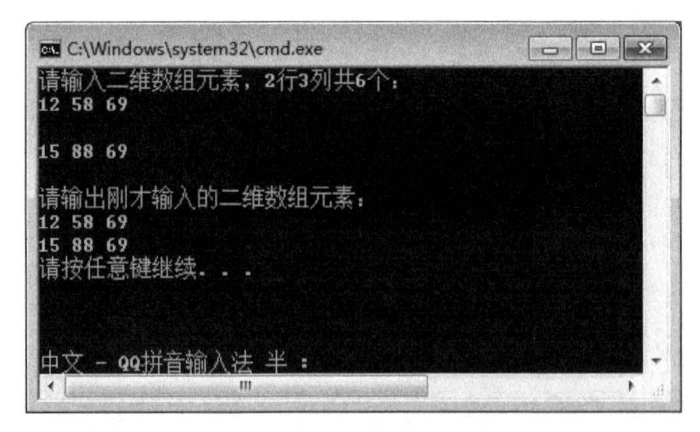

图5-4　二维数组实例运行结果图

【例5-4】 矩阵转置。矩阵是排列成若干行和若干列的数据表。转置是将数据表的行列互换,即第一行变成第一列、第二行变成第二列,以此类推,如图5-5所示。

图5-5　矩阵转置

【源程序代码】

```
#include <iostream>
using namespace std;
int main(){
    int a[3][4] ={ { 1,2,3,4 },{ 2,3,4,5 },{ 3,4,5,6 } };
    int b[4][3];
    int i, j;
    for (i =0;i <3;i++){
      for (j =0;j <4;j++)
          b[j][i] =a[i][j];
```

```
    }
    cout <<"原数组元素如下:"<<endl;
    for (i =0;i <3;i++){
        for (j =0;j <4;j++)
            cout <<a[i][j] <<"";
        cout <<endl;
    }
    cout <<"倒序后数组元素如下:"<<endl;
    for (i =0;i <4;i++){
        for (j =0;j <3;j++)
            cout<<b[i][j]<<"";
        cout <<endl;
    }
    return 0;
}
```

【运行结果】 如图 5-6 所示。

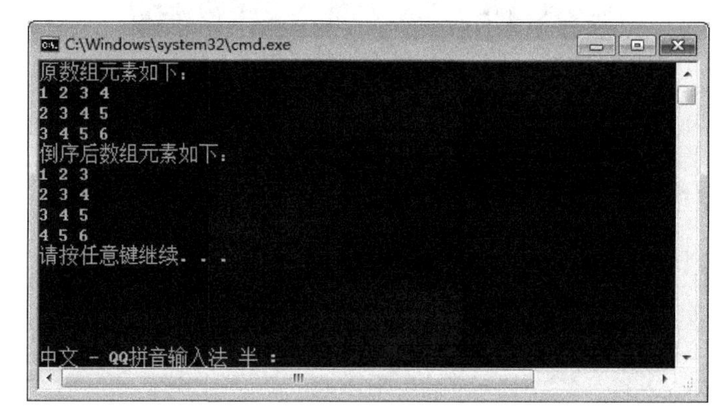

图 5-6　二维数组实例运行结果图

5.2.3　字符数组和字符串实例

【源程序代码】

```
#pragma warning(disable:4996)
#include <iostream>
#include<string>
using namespace std;
int main(){
    char str1[11] ="Hello";
    char str2[11] ="World";
    char str3[11];
    int len;
    //复制 str1 到 str3
    strcpy(str3, str1);
    cout <<"复制 str1 到 str3 : "<<str3 <<endl;
```

```
    //连接 str1 和 str2
    strcat(str1, str2);
    cout <<"连接 str1 和 str2: "<<str1 <<endl;
    //连接后,str1 的总长度
    len =strlen(str1);
    cout <<"连接后,str1 的总长度 : "<<len <<endl;
    return 0;
}
```

【运行结果】 如图 5-7 所示。

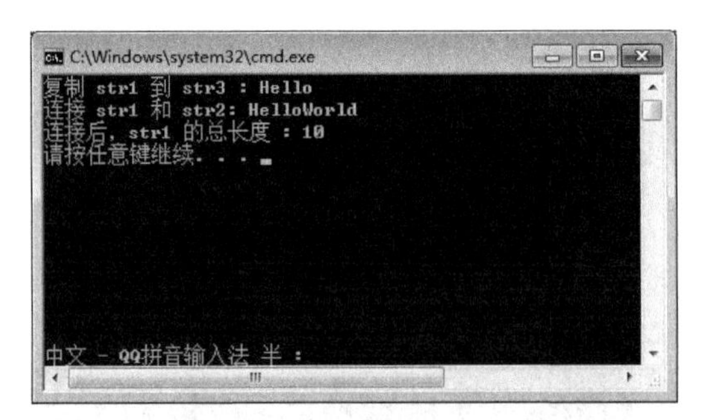

图 5-7　字符数组和字符串实例运行结果图

5.2.4　string 类型字符串实例

【源程序代码】

```
#include<iostream>
#include<string>
using namespace std;
int main(){
    string s1("Source Code");
    int n;
    if ((n =s1.find('u')) !=string::npos)                //查找 u 出现的位置
         cout <<"1:"<<n <<","<<s1.substr(n) <<endl;     //输出 1:2,urce Code
    if ((n =s1.find("Source", 3)) ==string::npos)        //从下标 3 开始查找"Source",
                                                          找不到
        cout <<"2: "<<"Not Found"<<endl;                 //输出 2) Not Found
    if ((n =s1.find("Co")) !=string::npos)               //查找子串"Co"。能找到,返
                                                         //回"Co"的位置
        cout <<"3: "<<n <<", "<<s1.substr(n) <<endl;    //输出 3：7, Code
    if ((n =s1.find_first_of("ceo")) !=string::npos)
//查找第一次出现或 'c'、'e'或'o'的位置
        cout <<"4:"<<n <<", "<<s1.substr(n) <<endl;     //输出 4：1, ource Code
    if ((n =s1.find_last_of('e')) !=string::npos)        //查找最后一个 e 的位置
         cout <<"5: "<<n <<", "<<s1.substr(n) <<endl;   //输出 5) 10, e
    if ((n =s1.find_first_not_of("eou", 1)) !=string::npos)
        //从下标 1 开始查找第一次出现非 'e'、'o' 或 'u' 字符的位置
        cout <<"6:"<<n <<", "<<s1.substr(n) <<endl;     //输出 6：3, rce Code
```

```
    return 0;
}
```

【运行结果】 如图 5-8 所示。

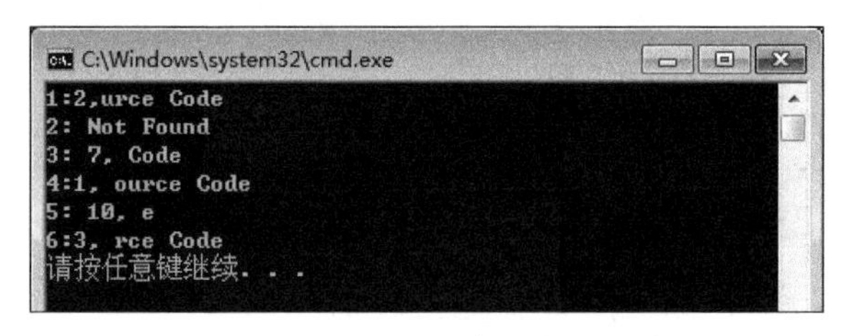

图 5-8 string 类型字符串实例运行结果图

5.3 实验练习

5.3.1 实验目的和实验要求

1. 实验目的

(1) 掌握一维数组的定义和使用。

(2) 掌握二维数组的定义和使用。

(3) 了解多维数组的定义和使用。

(4) 掌握字符数组的概念和定义。

(5) 掌握 string 类型数据的使用。

2. 实验要求

(1) 将实验中的每个功能用一个函数实现。

(2) 每个输入前要有输入提示(如“请输入 2 个整数,之间用空格隔开”);每个输出数据都要求有内容说明(如“280 与 100 的和是 380”)。

(3) 函数名称和变量名称等用英文或英文简写形式(每个单词第一个字母大写)说明。

(4) 在 E 盘中建立“*姓名+学号*”文件夹,并在该文件夹中创建“实验 5”文件夹(以后每次实验分别创建对应的文件夹),本次实验的所有程序和数据都要求存储到本文件夹中。

5.3.2 实验内容

1. 程序阅读题

(1) 阅读下列程序,写出运行结果。

```
#include <iostream>
using namespace std;
int main(){
    int a[] ={ 5,8,96,2,3,6,7 };
    int length =sizeof(a) / sizeof(a[0]);
    for (int i =0;i <length;i++) {
        if (a[i] %2 ==0)
              cout <<a[i] <<",";
    }
```

```
    cout <<endl;
    return 0;
}
```

运行结果是：＿＿＿＿＿＿＿＿＿＿＿＿＿＿＿＿＿＿＿＿

(2) 阅读下列程序，写出运行结果。

```
#include<iostream>
using namespace std;
int main(){
    int a[3][3] ={ {6,5}, {1,4,3}, {2,5,4} };
    for (int i =0; i <3; i++)                    //输入数据
        cout <<a[i][2-i] <<"";
    cout  <<endl;
    return 0;
}
```

运行结果是：＿＿＿＿＿＿＿＿＿＿＿＿＿＿＿＿＿＿＿＿

(3) 阅读下列程序，写出运行结果。

```
#include <iostream>
#pragma warning(disable:4996)
using namespace std;
int main(){
    char s[20] ={ 'w','e','l','c','o','m','e' };
    char c[] =" to China";
    cout <<"s 的长度是:"<<strlen(s)<<endl;
    cout <<"c 的长度是:"<<strlen(c) <<endl;
    strcat_s(s, c);
    cout <<"连接后的 s:"<<s <<endl;
    char x[20];
    strcpy(x,s);
    cout <<"x 数组:"<<x <<endl;
    strupr(x);
    cout <<"将 x 数组转换成大写:"<<x <<endl;
    return 0;
}
```

运行结果是：＿＿＿＿＿＿＿＿＿＿＿＿＿＿＿＿＿＿＿＿

(4) 阅读下列程序，写出运行结果。

```
#include <iostream>
#include <string>
using namespace std;
int main(){
    string s1 ="hello";
    string s2 ="hi";
    s1.swap(s2);
    cout <<"s1:"<<s1<<endl;
```

```
    cout <<"s2:"<<s2 <<endl;
    s1.insert(s1.begin(), '1');
    cout <<"s1:"<<s1 <<endl;
    s2.append(",world");
    cout <<"s2:"<<s2 <<endl;                    //s1:abcdef
    return 0;
}
```

运行结果是：____

2. 程序改错题

输入一个整形数组元素，并求和。程序中有 3 处错误，请写出错误代码并改正。

```
#include <iostream>
using namespace std;
int main(){
    int a[5] ;
    int sum;
    cout <<"请输入 5 个整数存在数组 a 中:"<<endl;
    for (int i =0;i <=5;i++){
        cin >>a[i];
    }
    for (int j =0;j <5;j++)
    sum +=a[i];
cout <<"数组元素的和:"<<sum <<endl;
return 0;
}
```

错误代码：____________________，改正为：____________________。
错误代码：____________________，改正为：____________________。
错误代码：____________________，改正为：____________________。

3. 程序填空题

(1) 输入 2 个长度为 80 的字符数组，判断输入的字符数组是否相同。将下面的程序补充完整。

```
#include <iostream>
#pragma warning(disable:4996)
using namespace std;
int main(){
    char s1[81],s2[81];
    cout <<"输入第 1 行字符串:";
    ______(1)______;
    cout <<"输入第 2 行字符串:";
    ______(2)______;
    if(______(3)______)
        cout <<"输入的字符串相同: "<<s1<<'\n';
    else cout <<"输入的字符串不相同 "<<'\n';
```

```
    return 0;
}
```

(2) 按照注释提示,将下面的程序补充完整。

```
#include <iostream>
#include <string>                                   //要使用 string 对象,必须包含此头文件
using namespace std;
int main(){
    string s1 ="123", s2;                           //s2 是空串
    s2 +=s1;                                        //s1 连接到 s2 中
    _____(4)_____;                                  //s1 连接"abcdef"
    cout <<"1:"<<s1 <<endl;                         //输出 1:abcdef
    if (s2 <s1)
        cout <<"2:s2 <s1"<<endl;                    //输出 2:s2<s1
    else
        cout <<"2:s2 >=s1"<<endl;                   //输出 2:s2>=s1
    s2[1] ='A';                                     //s2 ="1A3"
    s1 ="XYZ" +s2;                                  //s1 ="XYZ1A3"
    string s3 =s1 +s2;  /s3="XYZ1A31A3"
    cout <<"3:"<<s3 <<endl;                         //输出 3:XYZ1A31A3
    cout <<"4:"<<_____(5)_____ <<endl;              //求 s3 长度,并输出
    string s4 =_____(6)_____;                       //求 s3 从下标 1 开始,长度为 3 的子串,并赋值给 s4
    cout <<"5:"<<s4 <<endl;                         //输出 5:YZ1
    return 0;
}
```

4. 程序设计题

(1) 求学生多门功课的总分,以及所有学生各门功课的平均分。

(2) 有两队选手,每队出 5 人进行一对一比赛,甲队为 A、B、C、D、E,乙队为 J、K、L、M、N,经过抽签决定比赛配对名单。规定 A 不和 J 比赛,M 不和 D 及 E 比赛。列出所有可能的比赛名单。

实验 6 指针、引用和结构体

6.1 知识结构图

实验 6 中的知识结构图,如图 6-1 所示。

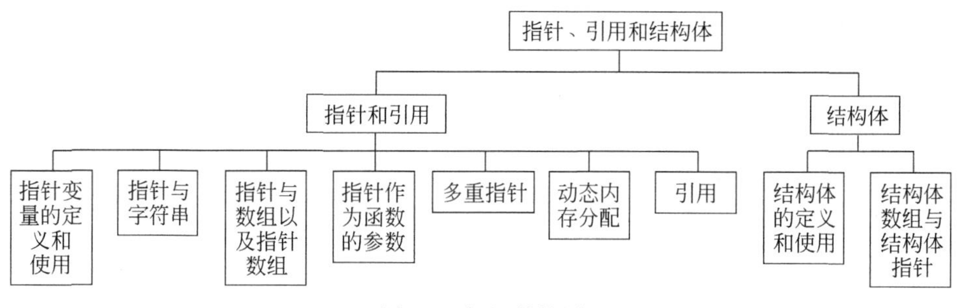

图 6-1　知识结构图

6.2 实验示例

6.2.1 指针变量的定义和使用实例

【源程序代码】

```
#include <iostream>
using namespace std;
int main(){
    int i;                                  //定义 int 型数 i
    int * ptr=&i;                           //取 i 的地赋给 ptr
    i=10;                                   //int 型数赋初值
    cout<<"i="<<i<<endl;                    //输出 int 型数的值
    cout<<" * ptr="<< * ptr<<endl;          //输出 int 型指针所指地址的内容
    return 0;
}
```

【运行结果】 如图 6-2 所示。

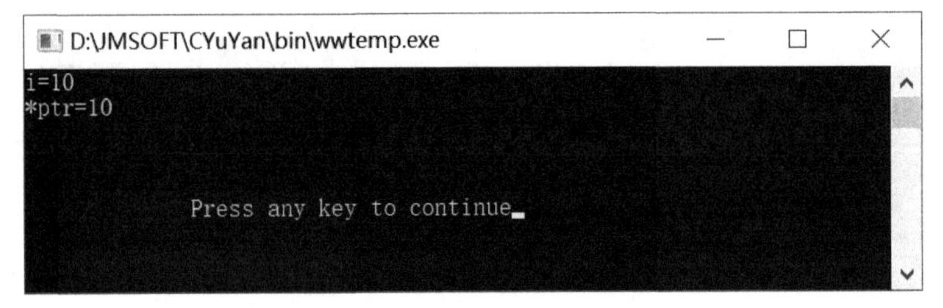

图 6-2　指针变量的定义和使用实例运行结果图

6.2.2　指针运算实例

【源程序代码】

```
#include <iostream>
using namespace std;
int main(){
    int a[5];
    int * pa=a;
    for(int i=0;i<5;i++)
        cout<<"pa+"<<i<<"="<<pa+i<<endl;
    return 0;
}
```

【运行结果】　如图 6-3 所示。

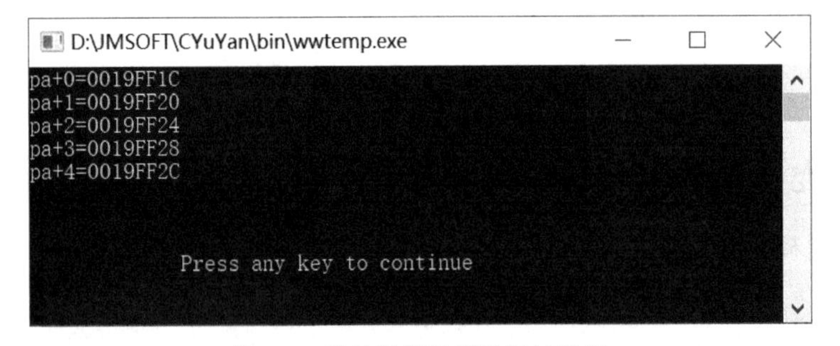

图 6-3　指针运算实例运行结果图

6.2.3　通过指针引用数组实例

【源程序代码】

```
#include <iostream>
using namespace std;
int main(){
    int a[5], * pa, i;
    for (i =0; i <5; i++)
        a[i]=i+1;
    pa =a;
    for (i =0; i <5; i++)
        cout<< * (pa+i)<<"";
```

```
        cout<<endl;
    for (i =0; i <5; i++)
        cout<< * (a+i)<<"";
        cout<<endl;
    for (i =0; i <5; i++)
        cout<<pa[i]<<"";
         cout<<endl;
    for (i =0; i <5; i++)
        cout<<a[i]<<"";
    return 0;
}
```

【运行结果】 如图 6-4 所示。

```
D:\JMSOFT\CYuYan\bin\wwtemp.exe
1  2  3  4  5
1  2  3  4  5
1  2  3  4  5
1  2  3  4  5

          Press any key to continue
```

图 6-4　通过指针引用数组实例运行结果图

6.2.4　通过指针引用字符串实例

【源程序代码】

```
#include <iostream>
using namespace std;
int main(){
    char *ps="this is a book";
    int n;
    cout<<"请输入 n:"<<endl;
    cin>>n;
    ps=ps+n;
    cout<<ps;
    return 0;
}
```

【运行结果】 如图 6-5 所示。

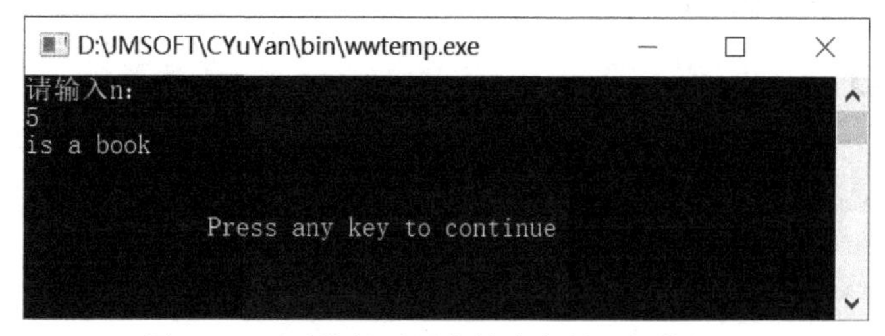

图 6-5　通过指针引用字符串实例运行结果图

6.2.5 指针作为函数参数实例

【源程序代码】

```
#include <iostream>
using namespace std;
void change(int *b){
    int i;
    for(i=0;i<5;i++)
        b[i]=b[i]+1;
}
int main(){
    int a[5]={1,2,3,4,5}, *p;
    int i;
    p=a;
    cout<<"函数调用前"<<endl;
    for(i=0;i<5;i++)
        cout<<a[i]<<"";
    change(p);
    cout<<endl;
    cout<<"函数调用后"<<endl;
    for(i=0;i<5;i++)
        cout<<a[i]<<"";
    return 0;
}
```

【运行结果】 如图 6-6 所示。

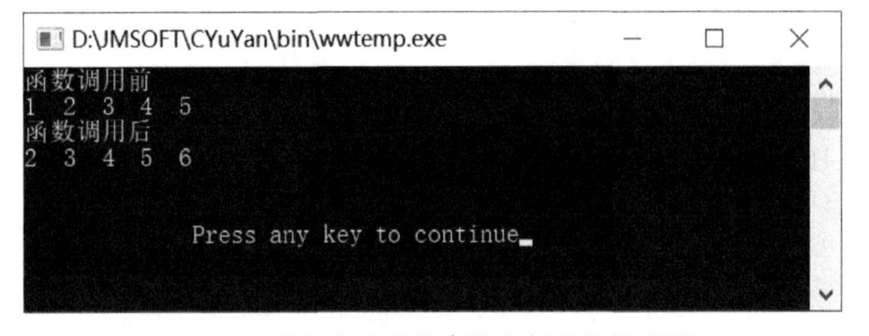

图 6-6 指针作为函数参数实例运行结果图

6.2.6 指针指向函数实例

【源程序代码】

```
#include <iostream>
using namespace std;
void printStuff(float){
    cout<<"This is the print stuff function."<<endl;
}
void printMessage(float data){
```

```
    cout<<"The data to be listed is "<<data<<endl;
}
void printFloat(float data){
    cout<<"The data to be printed is "<<data<<endl;
}
const float PI=3.14159f;
const float TWO_PI=PI*2.0f;
int main(){
    void(*functionPointer)(float);
    printStuff(PI);
    functionPointer=printStuff;            //函数指针指向 printStuff
    functionPointer(PI);                   //函数指针调用
    functionPointer=printMessage;          //函数指针指向 printMessage
    functionPointer(TWO_PI);               //函数指针调用
    functionPointer(13.0);                 //函数指针调用
    functionPointer=printFloat;            //函数指针指向 printFloat
    functionPointer(PI);                   //函数指针调用
    printFloat(PI);
    return 0;
}
```

【运行结果】 如图 6-7 所示。

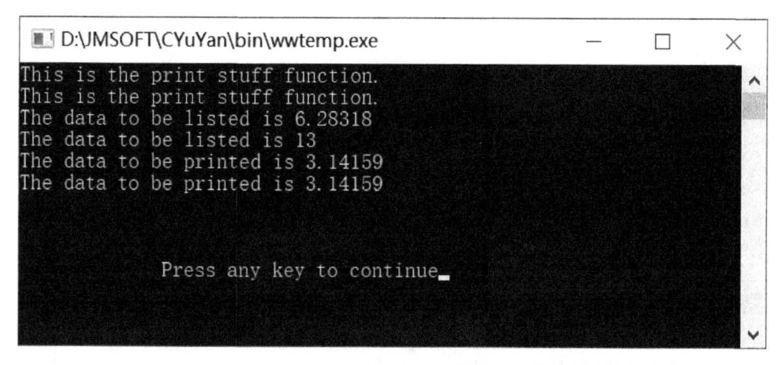

图 6-7 指针指向函数实例运行结果图

6.2.7 动态内存分配与指向它的指针变量实例

【源程序代码】

```
#include <iostream>
using namespace std;
int main(){
    int *pa,i;
    pa=new int[5];
    if(pa==NULL)
        exit(0);
    *(pa+1)=3;
    for(i=0;i<5;i++)
```

```
        cout<< * (pa+i)<<"";
    delete [ ] pa;
    return 0;
}
```

【运行结果】 如图 6-8 所示。

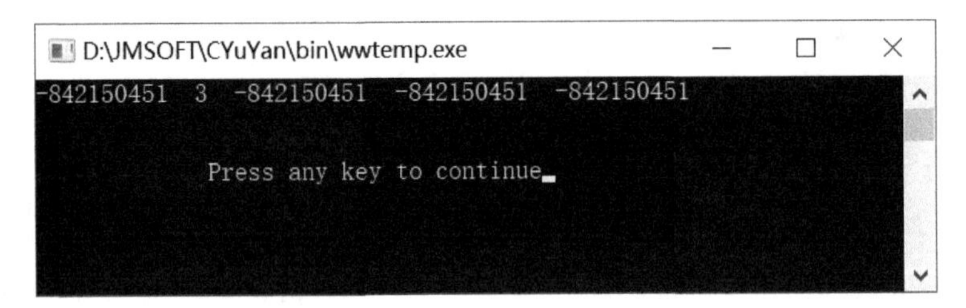

图 6-8 动态内存分配与指向它的指针变量实例运行结果图

6.2.8 引用的定义和使用实例

【源程序代码】

```
#include <iostream>
using namespace std;
int main(){
    int n=10;
    int &rn=n;
    cout<<"n="<<n<<endl;
    cout<<"rn="<<rn<<endl;
    cout<<"&n="<<&n<<endl;
    cout<<"&rn="<<&rn<<endl;
    return 0;
}
```

【运行结果】 如图 6-9 所示。

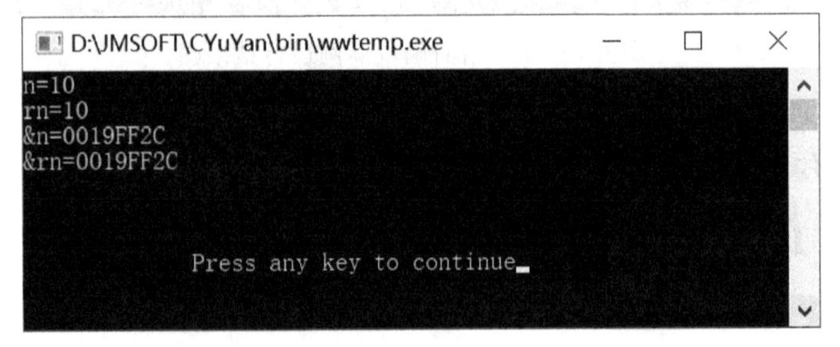

图 6-9 引用的定义和使用实例运行结果图

6.2.9 定义和使用结构体变量实例

【源程序代码】

```
#include <iostream>
```

```
using namespace std;
struct student{                                   //声明结构体类型
    long int num;
    char name[20];
    float score;
};
int main(){
    student stu1={89031,"LiLin",96};              //定义结构体变量并且初始化
    student stu2,stu3;
    stu2.num=89032;
    strcpy(stu2.name,"zhangsan");
    stu2.score=85;
    stu3=stu1;                                    //同类型的结构体变量直接相互赋值
      cout<<stu1.num<<""<<stu1.name<<""<<stu1.score<<endl;
      cout<<stu2.num<<""<<stu2.name<<""<<stu2.score<<endl;
      cout<<stu3.num<<""<<stu3.name<<""<<stu3.score<<endl;
        return 0;
}
```

【运行结果】 如图 6-10 所示。

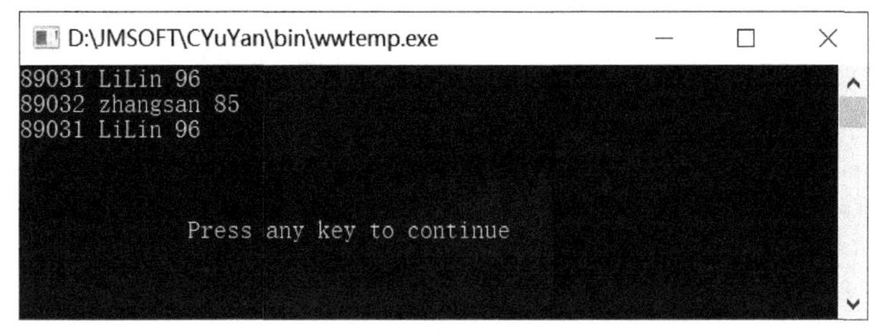

图 6-10　定义和使用结构体变量实例运行结果图

6.2.10　结构体数组应用实例

【源程序代码】

```
#include <iostream>
using namespace std;
struct student{
    int num;
    char name[20];
    float score;
};
int main(){
    student stu[3]={
    {1001,"Li ping",45},
    {1002,"Zhang ping",62.5},
    {1003,"He fang",92.5}
    };
```

```
struct student *ps;
for(ps=stu;ps<=stu+2;ps++)
    cout<<ps->num<<""<<ps->name<<""<<ps->score<<endl;
return 0;
}
```

【运行结果】 如图 6-11 所示。

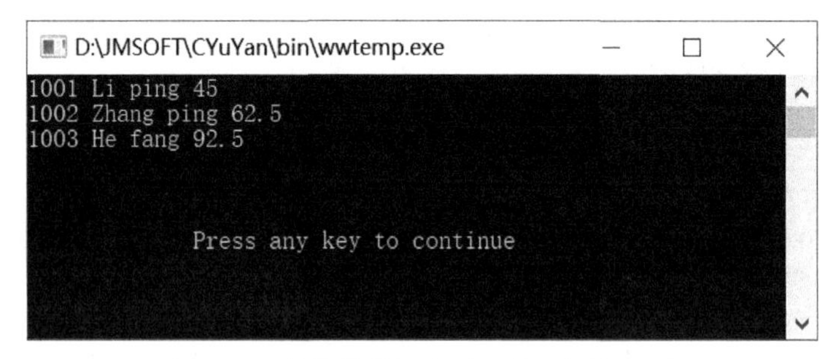

图 6-11 结构体数组应用实例运行结果图

6.2.11 指向结构体变量的指针应用实例

【源程序代码】

```
#include <iostream>
using namespace std;
struct student{                                      //声明结构体类型
    long int num;
    char name[4];
    float score;
};
int main(){
    student stu={89031,"LiL",96};                    //定义结构体变量并且初始化
    student *pstu=&stu;
    cout<<stu.num<<""<<stu.name<<""<<stu.score<<endl;
    cout<<pstu->num<<""<<pstu->name<<""<<pstu->score<<endl;
    cout<<(*pstu).num<<""<<(*pstu).name
    <<""<<(*pstu).score<<endl;
    return 0;
}
```

【运行结果】 如图 6-12 所示。

```
D:\JMSOFT\CYuYan\bin\wwtemp.exe
89031 LiL 96
89031 LiL 96
89031 LiL 96
Press any key to continue
```

图 6-12 指向结构体变量的指针应用实例运行结果图

6.3 实验练习

6.3.1 实验目的和要求

1. 实验目的

(1) 理解指针的概念。

(2) 熟练掌握指针与数组间的关系。

(3) 掌握字符指针与字符串的关系。

(4) 掌握指针与函数的关系。

(5) 熟练判断各种指针的类型。

(6) 掌握通过指针改变实参的编程方法。

(7) 掌握动态内存分配的使用。

(8) 理解引用的概念以及掌握引用的使用。

(9) 掌握结构体类型的定义及应用。

2. 实验要求

(1) 每个程序输入前要有输入提示(如“请输入 2 个整数,中间用空格隔开”);每个输出数据都要求有内容说明(如“280 与 100 的和是 380”)。

(2) 函数名称和变量名称等用英文或英文简写形式(每个单词第一个字母大写)说明。

(3) 在 E 盘中建立“*姓名+学号*”文件夹,并在该文件夹中创建“实验 6”文件夹(以后每次实验分别创建对应的文件夹),本次实验的所有程序和数据都要求存储到本文件夹中。

6.3.2 实验内容

1. 程序分析题

(1) 阅读下列程序,写出执行结果。

```
#include <iostream>
using namespace std;
int main(){
    int a[]={1,2,3,4,5,6,7,8,9,10,11,12};
    int * p=a+5, * q=a;
    * q= * (p+5);
    cout<< * p<<""<< * q;
    return 0;
}
```

运行结果是:______________________________

(2) 阅读下列程序,写出执行结果。

```
#include <iostream>
using namespace std;
void fun(char * w,int n){
    char t, * s1, * s2;
```

```
    s1=w;
    s2=w+n-1;
    while(s1<s2)
    t= * s1++;
     * s1= * s2--;
     * s2=t;
}
int main(){
    char s[]="1234567";
    char * p=s;
    int n=strlen(p);
    fun(p,n);
    cout<<p<<'\n';
    return 0;
}
```

运行结果是：________________

(3) 阅读下列程序,写出执行结果。

```
#include <iostream>
using namespace std;
int main(){
    int line1[]={1,0,0};                        //定义数组,矩阵的第一行
    int line2[]={0,1,0};                        //定义数组,矩阵的第二行
    int line3[]={0,0,1};                        //定义数组,矩阵的第三行
    //定义整型指针数组并初始化
    int * pLine[3]={line1,line2,line3};
    cout<<"Matrix test:"<<endl;                 //输出单位矩阵
    for(int i=0;i<3;i++){                       //对指针数组元素循环
        for(int j=0;j<3;j++)                    //对矩阵每一行循环
        cout<<pLine[i][j]<<"";
        cout<<endl;
    }
    return 0;
}
```

运行结果是：________________

(4) 写出以下程序运行结果。

```
#include <iostream>
using namespace std;
char * fun(char * str){
    char * p=str;
    while( * p){
        if( * p<'d')break;
        p++;
    }
    return p;
```

```
}
int main(){
    cout<<fun("welcome!");
    return 0;
}
```

运行结果是：________________

（5）阅读下列程序，分析执行过程并写出运行结果。

```
#include <iostream>
using namespace std;
struct Student{
    char name[20];
    float score;
};
int main(){
    Student *stus;
    int stunum;
    int i;                                  //读入学生数
    cout<<"读入学生数:";
    cin>>stunum;                            //申请学生信息存储空间
    stus=new Student[stunum];
    if(stus==NULL){
        cout<<"内存申请失败!"<<endl;
        exit(0);
    }
    //读入学生信息
    cout<<"输入学生信息,名字和成绩"<<endl;
    for(i=0;i<stunum;i++){
    cout<<"输入第"<<i+1<<"号学生信息:";
    cin>>stus[i].name>>stus[i].score;
    }
    //计算并输出平均成绩
    float sum=0;
    for(i=0;i<stunum;i++)
    sum=stus[i].score+sum;
    cout<<"\n学生平均成绩:"<<sum/stunum<<endl;
    //释放空间
    delete[] stus;
    return 0;
}
```

运行结果是：________________

（6）阅读下列程序，分析程序执行过程并写出运行结果。

```
#include <iostream>
using namespace std;
struct student{
```

```
  int  num;
  char name[20];
  float score;
};
float fave(student *ps,int n){
    float avg,sum=0;
    int i;
for(i=0;i<3;i++){
    sum=sum+ps->score;
        ps++;}
    avg=sum/n;
    return avg;
}
int main(){
    student stu[3],*pstu;
    int i;
    float avg;
    cout<<"输入三个同学的学号,姓名,成绩:"<<endl;
    for(i=0;i<3;i++)
        cin>>stu[i].num>>stu[i].name>>stu[i].score;
    pstu=stu;
    avg=fave(pstu,3);
    cout<<"三个同学的平均分为:"<<endl;
    cout<<avg<<endl;
        return 0;
}
```

运行结果是：______________________________

2. 程序改错题

以下程序的功能为：用户输入 a 和 b 的值，如果 a 小于 b，则交换 a 和 b 的值并输出 a 和 b。请写出错误代码并改正。

```
#include <iostream>
using namespace std;
void swap (short int *p1, short int *p2){
    short int *p;
    {p =p1;   p1 =p2;   p2 =p;}
}
void main ( ){
    short int a, b;
    short int *p_1, *p_2;
    cin>>a>>b;
    p_1 =&a;  p_2 =&b;
    if (a <b)  swap (p_1, p_2);
    cout<<a<<""<<b;
}
```

错误代码：＿＿＿＿＿＿＿＿＿＿＿，改正为：＿＿＿＿＿＿＿＿＿＿＿。

错误代码：＿＿＿＿＿＿＿＿＿＿＿，改正为：＿＿＿＿＿＿＿＿＿＿＿。

3. 程序填空题

为了使下列程序能顺利运行，请在空白处填上相应的内容。

(1) 以下程序的功能是：主函数定义了一个整型数组 data，从键盘上输入一个数 x，调用函数 fsum()判断该数 x 是否在数组 data 中。如果 x 在数组中，则得到 x 在 data 中第一次出现时的下标值 p，同时求出下标从 0 到 p 间所有元素之和，函数返回 x 的下标值 p；反之，如果 x 不在数组中，则函数 fsum()返回－1，主函数提示相应信息并输出计算结果。将程序补充完整。

【源程序代码】

```
#include <iostream>
using namespace std;
int fs(int *a,int n,int x,int &sum){
    sum=0;
    for(int i=0;i<n;i++){
        sum =__________(1)__________;
        if(x==a[i])
                return i;
    }
    return -1;
}
int main(){
    int data[]={12,31,16,28,7,29,35,18,40};
    int x,s,index;
    cout<<"请输入要找的数:";
    cin>>x;
    index=fs(__________(2)__________);
    if(__________(3)__________)
        cout<<x<<"不在数组中"<<endl;
    else{
    cout<<x<<"是数组中下标为"<<index<<"的元素。";
    cout<<"数组中前"<<   index    <<"项之和为:"<<s<<endl;
    }
    return 0;
}
```

(2) 以下程序的功能为：输入学生人数、学生成绩，输出学生的平均成绩、最高成绩和最低成绩。将程序补充完整。

【源程序代码】

```
#include <iostream>
using namespace std;
int main ( ){
  int num, i;
  int max, min, sum;
```

```
    int *p;
    float aver;
    cout<<"输入学生人数"<<endl;
    cin>>num;
    p=new int[num];
    if (_______(4)_______){
      exit (0);
    }
    cout<<"输入学生成绩"<<endl;
    for (i =0; i <num; i++)
        cin>> * (p+i);
    max =p[0];
    min =p[0];
    sum =0;
    for (i =0; i <num; i++){
      if (_______(5)_______)
          max =p[i];
      if (_______(6)_______)
          min =p[i];
      sum =sum +p[i];
    }
    aver =(float)sum / num;
    cout<<"----------------------------------------\n";
    cout<<"学生平均成绩为:"<<aver<<endl;
    cout<<"学生最高成绩为:"<<max<<endl;
    cout<<"学生最低成绩为:"<<min<<endl;
    _______(7)_______;                    //释放动态分配的内存
    return 0;
}
```

(3) 以下程序功能为：使用结构数组存储学生信息，按学生成绩从高到低排序。将如下程序补充完整。

【源程序代码】

```
#include <iostream>
using namespace std;
struct student{
    char name[20];
    float score;
};
int input(student s[],int n){                    //返回实际输入人数
    for(int i=0;i<n;i++){
        cin>>s[i].name>>s[i].score;
        if(s[i].score<0) break;
    }
    return i;
}
```

```
void sort(student a[],int n){
    for(int i=0;i<n-1;i++)                              //排序
    for(int j=i+1;j<n;j++)
    if(a[i].score<a[j].score){
        student t;
        t=a[i];
        _______(8)________                              //交换数组元素
    }
}
void output(student s[], int n){
    for(int i=0;i<n;i++)
        cout<<s[i].name<<"\t"<<s[i]. score<<endl;
}
int main(){
    const int MaxNum=100;                               //学生人数
    int num;                                            //实际人数
    student s[MaxNum];
    num=_______(9)________;                             //获得学生实际人数
    sort(s,num);
    output(s,num);
    return 0;
}
```

4. 程序设计题

(1) 输入 3 个整数 a、b、c,按从大到小的顺序输出。要求通过指针实现。

(2) 用指针编写一个程序。要求当输入一个字符串后,不仅能够统计其中字符的个数,还能分别指出其中大、小写字母及数字和其他字符的个数。

(3) 定义一个动态整型数组(数组的长度由用户输入),循环为数组元素赋值。使用指针将数组中最小的数与第一个数交换,最大的数与最后一个数交换,输出交换后的数组元素。

(4) 采用结构体数组编写程序,定义一个含商品编号、商品名称、单价、折扣单价、库存数量的结构体类型,类型名 cmod。结构体类型根据下列格式声明。

商品编号(cno)	商品名称(cname)	单价(price)	折扣后单价(sprice)	库存数量(qty)
6 个字符	20 个字符	浮点数	浮点数	整数

输入 3 个商品的数据(数据包括:商品编号、商品名称、单价、库存数量),对库存数量小于 100 的商品的单价不打折,对库存数量超过 100 的商品的单价打 9.5 折,库存数量超过 200 的商品的单价打 8.5 折;输出商品打折之前和打折之后的这 3 个数据。(打折之前,商品折扣后单价等于商品单价。)

实验7

类和对象

7.1 知识结构图

实验7中的知识结构图,如图7-1所示。

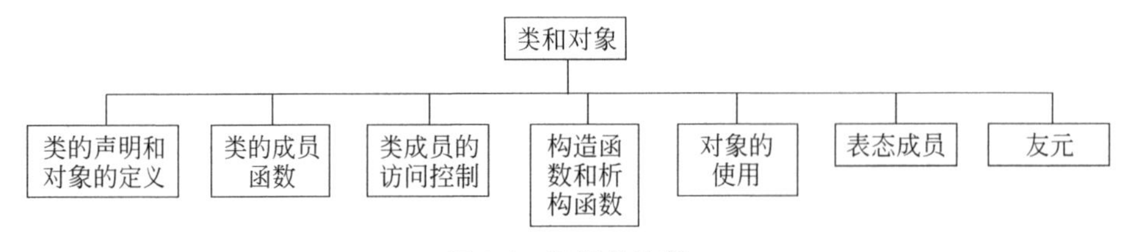

图7-1 知识结构图

7.2 实验示例

7.2.1 类的声明和对象的定义及使用实例

【例7-1】 定义线段类Line,并调用getlength()方法计算线段长度。

【源程序代码】

```
#include <iostream>
#include<math.h>
using namespace std;
class Line{
//Line类的成员函数
    public:
    void setpoint(int x,int y,int xx,int yy){    //设置起点、终点坐标
        pointX=x;
        pointY=y;
        pointXX=xx;
        pointYY=yy;
    }
    double getlength(){                             //计算线段长度
         return sqrt((pointXX-pointX)*(pointXX-pointX)+(pointYY-pointY)*
(pointYY-pointY));
    }
```

```
    double slope(){                                 //计算线段的斜率
        return (pointYY-pointY)/(pointXX-pointX);}
    //Line 类的数据成员
    private:
    double pointX,pointY,pointXX,pointYY;           //线段的起点、终点坐标
};
//测试主程序
int main(){
    Line t;                                         //定义 Line 类型的变(实例)
    t.setpoint(5,11,9,15);                          //通过实例 t 访问类的成员分量
    cout<<"The length is:"<<t.getlength();         //通过实例 t 访问类的成员分量 getlength
    cout<<endl;
    return 0;
}
```

【运行结果】 如图 7-2 所示。

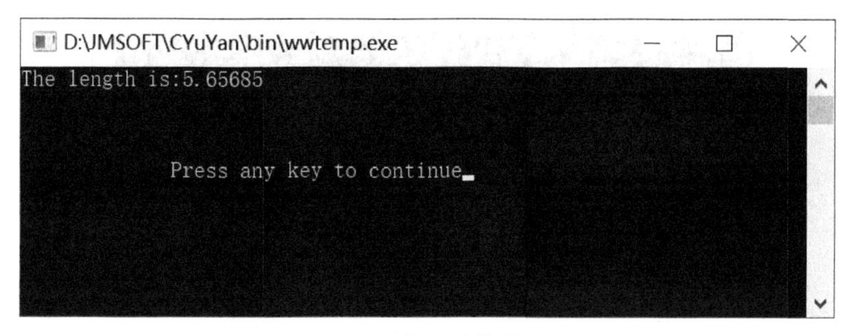

图 7-2 调用 getlength()方法计算线段长度运行结果图

【例 7-2】 定义一个圆类,计算圆的面积和周长。

【源程序代码】

```
#include <iostream>
using namespace std;
class Circle{                                       //定义类
    private:
    double r,x,y;
    public:
    void setR(double R) {r=R;}
    private:
    double Area(){
        return 3.14*r*r;    }
    double Length(){
        return 2*3.14*r;    }
    public:
    void ShowArea(){
        cout<<"圆面积="<<Area()<<endl;
    }
    void ShowLength(){
```

```
        cout<<"圆周长="<<Length()<<endl;
    }
};
int main(){
    double r;
    Circle c;
    cout<<"输入圆半径:";
    cin>>r;
    c.setR(r);
    c.ShowArea();
    c.ShowLength();
    return 0;
}
```

【运行结果】 如图 7-3 所示。

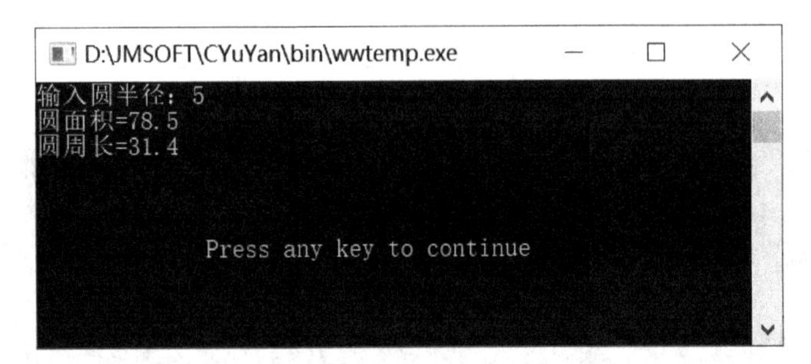

图 7-3　定义一个圆类,计算圆的面积和周长运行结果图

7.2.2　利用构造函数对类的对象进行初始化实例

【源程序代码】

```
#include <iostream>
using namespace std;
class Line{
    public:
    Line(){                                             //无参的默认构造函数
        cout<<"default constructor"<<endl;}
    Line(int x,int y,int xx,int yy){                    //带有参数的构造函数
        pointX=x;pointY=y;
        pointXX=xx;pointYY=yy;
        cout<<"构造了起点为("<<pointX<<","<<pointY<<")和终点为("
<<pointXX<<","<<pointYY<<")的线段"<<endl;}
    Line(int xx,int yy);
//带部分形参的构造函数声明
    private:
    int pointX;
    int pointY;
    int pointXX;
```

```
    int pointYY;
};
Line::Line(int xx,int yy){                          //带部分形参的构造函数定义
    pointX=0;pointY=0;pointXX=xx;pointYY=yy;
    cout<<"构造了起点为("<<pointX<<","<<pointY
<<")和终点为("<<pointXX<<","<<pointYY<<")的线段"<<endl;
}
int main(){
    Line line1;                                     //调用无参的构造函数
    Line line2(2,3,9,5);                            //调用带 4 个参数的构造函数
    Line line3(5,6);                                //调用带 2 个参数的构造函数
    return 0;
}
```

【运行结果】 如图 7-4 所示。

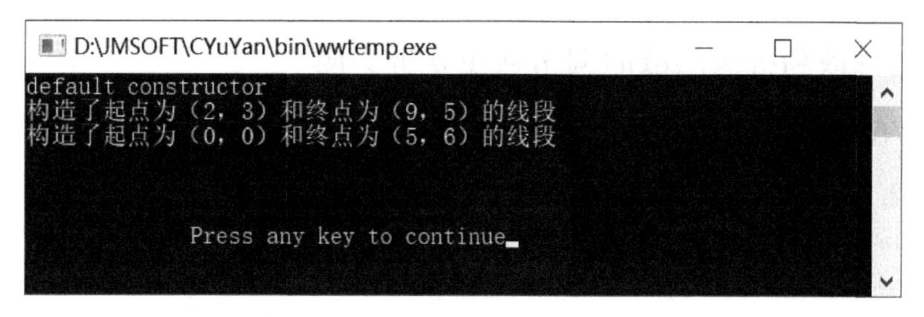

图 7-4　利用构造函数对类的对象进行初始化实例运行结果图

7.2.3　析构函数的使用实例

【源程序代码】

```
#include <iostream>
using namespace std;
class A{
    private:
    int x,y;
    public:
        A(int a,int b){ x=a;y=b;cout<<"调用带参数的构造函数\n";}
        A() {  x=0;  y=0;  cout<<"调用不带参数的构造函数\n" ;}
        ~A() {cout<<x;cout<<"调用析构函数\n";}
    void Print( ) {    cout<<x<<'\t'<<y<<endl;     }
};
int main(){
    A a1;
    A a2(3,30);
    a1.Print( );
    a2.Print( );
    cout<<"退出主函数\n";
```

```
    return 0;
}
```

【运行结果】 如图 7-5 所示。

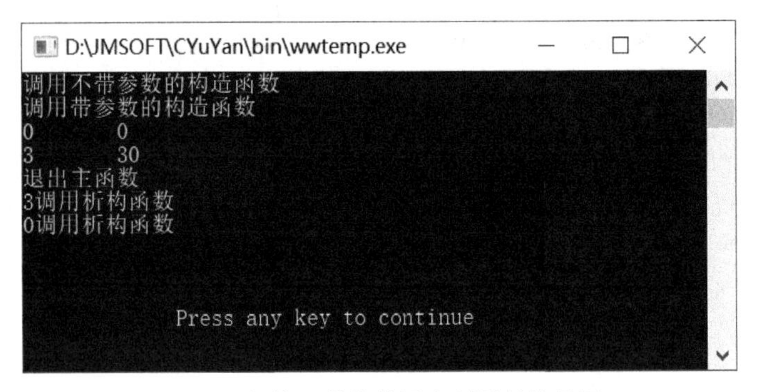

图 7-5 析构函数的使用实例运行结果图

7.2.4 构造函数和析构函数的调用顺序分析实例

【源程序代码】

```
#include <iostream>
#include <string>
using namespace std;
class Student{                                        //声明 Student 类
    public:
    Student(int n,char nam[10],char s){               //定义构造函数
        num=n;
        strcpy(name,nam);
        sex=s;
        cout<<"Constructor called."<<endl;            //输出有关信息
    }
    ~Student(){                                       //定义析构函数
        cout <<"Destructor called."<<num<<endl;}      //输出有关信息
    void display(){                                   //定义成员函数
        cout<<"num:"<<num<<endl;
        cout<<"name:"<<name<<endl;
        cout<<"sex:"<<sex<<endl<<endl;}
    private:
    int num;
    char name[10];
    char sex;
};
int main(){
    Student stud1(10010,"Wang_li",'f');               //建立对象
    stud1.display();                                  //输出学生 1 的数据
    Student stud2(10011,"Zhang_fun",'m');             //定义对象 stud2
    stud2.display();                                  //输出学生 2 的数据
```

```
    return 0;
}
```

【运行结果】 如图 7-6 所示。

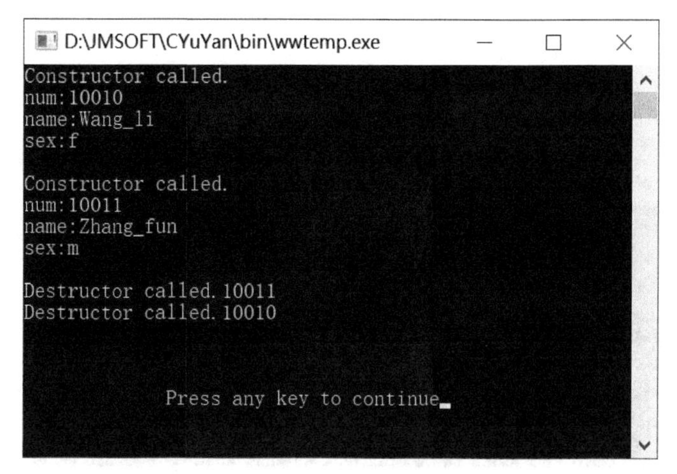

图 7-6 构造函数和析构函数的调用顺序分析实例运行结果图

7.2.5 对象数组的使用实例

【源程序代码】

```
#include<iostream>
using namespace std;
class exam{
    public:
        exam(){                  //不带参数的构造函数
          x =88;
        }
        exam(int n){             //只有一个参数的构造函数
          x =n;
        }
        int getx(){
            return x;
        }
    private:
        int x;
};
int main(){
    exam obj1[3]={11,22,33};//三个对象均用只有一个参数的构造函数给对象数组进行赋值
    exam obj2[3]={44};          //第一对象调用有一个参数的构造函数赋值,后两个对象调用无
                                //参的构造函数赋默认值
    for(int i=0;i<=2;i++)
    cout<<"第"<<i+1<<"个对象是: "<<"obj1["<<i<<"]"<<" ="<<obj1[i].getx()<<
endl;
```

```
    cout<<endl;
    for(int j=0;j<=2;j++)
    cout<<"第"<<j+1<<"个对象是: "<<"obj2["<<j<<"]"<<" ="<<obj2[j].getx()<<
endl;
    return 0;
}
```

【运行结果】 如图 7-7 所示。

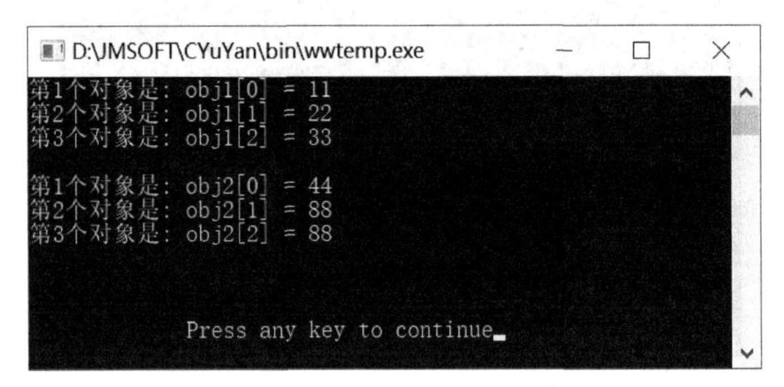

图 7-7 对象数组的使用实例运行结果图

7.2.6 指向对象的指针使用实例

【源程序代码】

```
#include <iostream>
using namespace std;
class exe{
    public:
        void set_a(int a){ //定义成员函数 set_a,给数据成员赋值
          x =a;
        }
        void show_a(){       //定义成员函数 show_a,输出数据成员的值
          cout<<x<<endl;
        }
        private:
            int x;
};
int main(){
    exe ob;                  //定义类 exe 的对象 ob
    exe *p;                  //定义类 exe 的对象指针变量 p
    ob.set_a(2);             //调用成员函数 set_a,给数据成员赋值
    ob.show_a();             //调用成员函数 show_a,显示数据成员的值
    p =&ob;                  //将对象 ob 的地址赋给指针变量 p
    (*p).show_a();           //调用 p 所指向的对象的成员函数 show_a,也即 ob.show_a()
    p->show_a();             //调用 p 所指向的对象的成员函数 show_a,也即 ob.show_a()
    return 0;
}
```

【运行结果】 如图 7-8 所示。

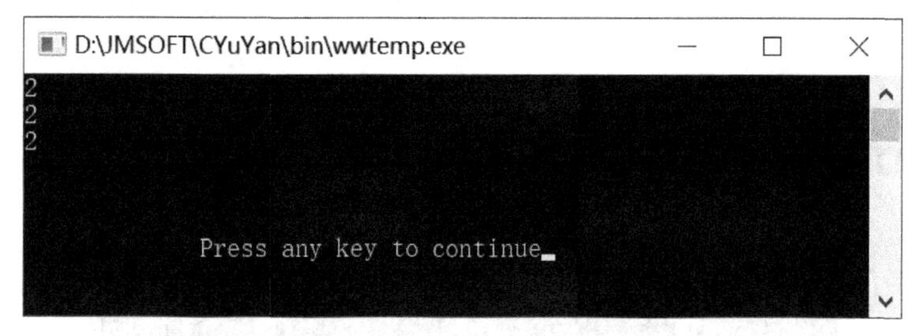

图 7-8 指向对象的指针使用实例运行结果图

7.2.7 对象的动态建立和释放实例

【源程序代码】

```
#include <iostream>
using namespace std;
class Player{
    private:
        char * name;                    //人物名称
        bool death;                     //是否死亡
        int level;                      //等级
        int energy;                     //能量值
        int ap;                         //攻击能力
        int dp;                         //抵抗能力
    public:
        Player(char * ns="winner",bool ds=false,int ls=1,int es=100,int as=10,
int dps=10)
//带参数的构造函数
    {
        cout<<"Constructing"<<ns <<endl;
        name=new char[strlen(ns)+1];   //动态申请内存空间
        if(name!=0)
        strcpy(name,ns);
        death=ds;
        level=ls;
        energy=es;
        ap=as;
        dp=dps;
    }
    ~Player(){                          //析构函数
        cout<<"Destructing"<<name <<endl;
        name[0]='\0';
        delete[]name;                   //释放动态申请的内存空间
    }
};
int main(){
```

```
    Player p1("Randy");                    //定义 Player 类的对象 p1,初始值 Randy
    Player p2("Mary");                     //定义 Player 类的对象 p2,初始值 Mary
    return 0;
}
```

【运行结果】 如图 7-9 所示。

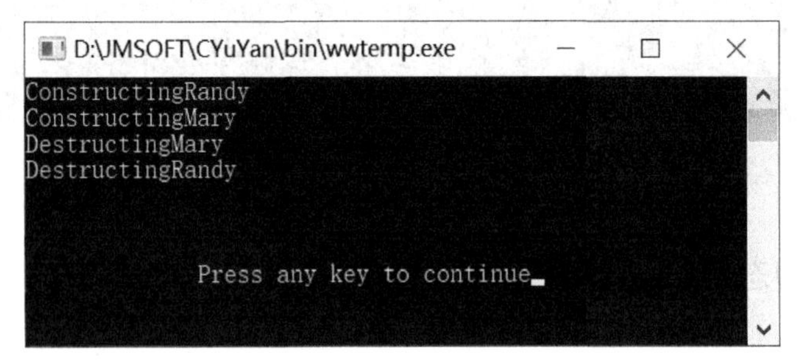

图 7-9 对象的动态建立和释放实例运行结果图

7.2.8 类的友元应用实例

【源程序代码】

```
#include <iostream.h>
#include <math.h>
class Point{
    public:
        Point(double xx=0, double yy=0);
        double GetX() {return X;}
        double GetY() {return Y;}
        friend double Dist(Point &a, Point &b);
    private:
        double X,Y;
};
Point::Point(double xx, double yy){
    X=xx; Y=yy;
}
double Dist( Point& a, Point& b){
    double dx=a.X-b.X;
    double dy=a.Y-b.Y;
    return sqrt(dx * dx+dy * dy);
}
void main(){
    Point p1(3.0, 5.0), p2(4.0, 6.0);
    double d=Dist(p1, p2);
    cout<<"The distance is "<<d<<endl;
    cout<<p1.GetX()<<"\t"<<p1.GetY()<<endl;
}
```

【运行结果】 如图 7-10 所示。

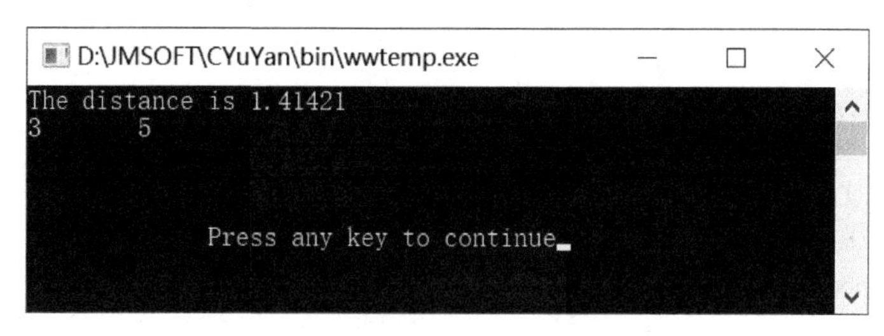

图 7-10 类的友元应用实例运行结果图

7.3 实验练习

7.3.1 实验目的和要求

1. 实验目的

(1) 掌握类与对象的概念、定义。

(2) 掌握类的成员属性和类的封装性。

(3) 掌握数据成员与成员函数的访问方式。

(4) 理解类的成员的访问控制的含义,公有、私有和保护成员的区别。

(5) 能够根据给定的要求定义类并实现类的成员函数。

(6) 掌握构造函数和析构函数的含义与作用、定义方式和实现。

(7) 掌握调用构造函数的顺序。

(8) 熟练掌握静态成员和友元的基本概念。

(9) 理解静态数据成员和静态成员函数的使用。

(10) 理解友元和友元函数的作用和使用方法。

2. 实验要求

(1) 每个程序输入前要有输入提示(如"请输入 2 个整数,中间用空格隔开");每个输出数据都要求有内容说明(如"280 与 100 的和是 380")。

(2) 函数名称和变量名称等用英文或英文简写形式(每个单词第一个字母大写)说明。

(3) 在 E 盘中建立"*姓名*+*学号*"文件夹,并在该文件夹中创建"实验 7"文件夹(以后每次实验分别创建对应的文件夹),本次实验的所有程序和数据都要求存储到本文件夹中。

7.3.2 实验内容

1. 程序分析题

(1) 阅读下列程序,写出执行结果。

```
#include<iostream>
using namespace std;
class MyClass {
    public:
        int number;
```

```
        void set(int i);
};
void MyClass::set (int i){
    number=i;
}
void main(){
    MyClass my1;
    int number=10;
    my1.set(5);
    cout<<my1.number<<endl;
    my1.set(number);
    cout<<my1.number<<endl;
}
```

运行结果是：________________________________

(2) 阅读下列程序，写出执行结果。

```
#include<iostream>
using namespace std;
class AA{
    int n;
    public:
        AA(int k):n(k){}
        int get() {return n;}
        int get() const{ return n+1;}
};
int main(){
    AA a(5);
    const AA b(6);
    cout<<a.get()<<","<<b.get();
    return 0;
}
```

运行结果是：________________________________

(3) 阅读下列程序，写出执行结果。

```
#include<iostream>
using namespace std;
class Test {
    public:
        Test()   { n+=2; }
        ~Test()     { n-=3;}
        static int getNum() { return n;}
    private:
        static int n;
};
int Test::n=1;
int main(){
```

```
    Test * p =new Test;
    delete p;
    cout<<"n="<<Test::getNum( )<<endl;
    return 0;
}
```

运行结果是：________________

(4) 写出以下程序运行结果。

```
#include<iostream>
using namespace std;
class Sample{
    private:
    int x,y;
    public:
    void get(int a,int b){
        x=a;
        y=b;
    }
    void disp(){
        cout<<"x="<<x<<"y="<<y<<endl;
    }
};
int main(){
    Sample obj1, obj2;
    obj1.get(10,20);
    obj1.disp();
    obj2=obj1;
    obj2.disp();
    return 0;
}
```

运行结果是：________________

(5) 写出以下程序运行结果。

```
#include<iostream>
using namespace std;
class Sample{
    private: int x,y;
    public:
        void get(int a,int b){
            x=a;y=b;
        }
        void disp(){
            cout<<"x="<<x<<"y="<<y<<endl;}
};
int main(){
    Sample *p;
```

```
    p=new Sample[3];
      p[0].get(1,2);
      p[1].get(3,4);
      p[2].get(5,6);
      for(int i=0;i<3;i++)
          p[i].disp();
    delete[] p;
    return 0;
}
```

运行结果是：________________

(6) 阅读下列程序，分析程序运行结果。

```
#include<iostream>
using namespace std;
class stringclass{
    char * s;
    public: stringclass(char * st);
    ~stringclass(){cout<<"delete"<<endl;delete []s;}
    public:
        void print(){
            cout<<s<<endl;}
};
stringclass::stringclass(char * st){
    s=new char[100];
    strcpy(s,st);
}
int main(){
    stringclass s1("It is ok!");
    s1.print();
    return 0;
}
```

运行结果是：________________

(7) 阅读下列程序，分析程序运行结果。

```
#include<iostream>
using namespace std;
class X{
    public:
        static int a;
};
int X::a=5;
int main(){
    X x1,x2;
      x1.a=10;
      cout<<x2.a;
        return 0;
}
```

运行结果是：________________________________

(8) 阅读下列程序，分析程序运行结果。

```
#include<iostream>
using namespace std;
class two;
class one{
    int x;
    public:
        void show(two);
};
class two{
    int y;
    public:
        void set(int i){y=i;}
    friend void one:: show(two);
};
void one:: show(two r){x=r.y+20; cout<<x;}
int main(){
    two t;
    t. set(10);
    one o;
    o.show(t);
    return 0;
}
```

运行结果是：________________________________

2. 程序改错题

(1) 下面的程序定义了一个 Point 类，找出程序中的错误代码并改正。

```
#include <iostream>
using namespace std;
class Point{
    int x;
    public:
        void Point(int a){x=a;}
        int Getx(){return x;}
        void Show(){cout<<Getx()<<endl;}
} ;
void main(){
    Point A(76);
    cout<<A.Show();
}
```

错误代码：____________________，改正为：____________________。

错误代码：____________________，改正为：____________________。

(2) 分析找出以下程序中的错误，给出修改方案使之能正确运行。

```
#include <iostream>
using namespace std;
class one{
    int a1,a2;
    public:
    one(int x1=0, x2=0);
};
void main(){
    one data(2,3);
    cout<<data.a1<<endl;
    cout<<data.a2<<endl;
}
```

错误代码：____________________，改正为：____________________。
错误代码：____________________，改正为：____________________。

(3) 以下程序的功能是：利用友员函数为类的成员变量进行初始化，然后利用成员函数输出。请改正程序中的错误，使之能正确运行。

```
#include <iostream>
using namespace std;
class A{
    int a,b;
    public:
        friend void setval(int i,int j);
        void showA(){cout<<a<<","<<b<<endl; }
};
void setval(int i,int j){
    a=i; b=j;}
void main(){
    A obj1;
    setval(2,3);
    obj1.showA();
}
```

错误代码：____________________，改正为：____________________。
错误代码：____________________，改正为：____________________。
错误代码：____________________，改正为：____________________。

3. 程序填空题

(1) 下面程序的功能是：定义一个复数类以及相应的复数加减运算函数。复数由实部和虚部组成，对应的类可用实型数据成员 Real 和 Image 表示。设只考虑复数的加法运算，则只需定义复数类的下列成员函数：复数赋值函数 SetComplex()、复数加法函数 Add()和复数输出函数 Display()。将如下程序补充完整。

【源程序代码】

```
#include <iostream>
using namespace std;
class Complex{
    float Real,Image;                          //复数的实部和虚部
    public:
        void SetComplex(float,float);          //复数赋值函数
        void Add(Complex,Complex);             //复数加法函数
        void Display();                        //复数输出函数
};
void Complex::SetComplex(float a,float b){
    Real=a;
    Image=b;
}
void Complex::Add(Complex x,Complex y){
    Real=x.Real+y.Real;
    Image=______(1)______;
}
void Complex::Display(){
    cout<<"<Real,mage>=<"<<Real<<','<<Image<<">\n";}
int main(){
    float x1,y1,x2,y2;
    Complex x,y,z;                             //定义 3 个复数
    cout<<"请输入两个复数(real,image):";
    cin>>x1>>y1>>x2>>y2;
    ______(2)______                            //复数 x 赋值
    ______(3)______                            //复数 y 赋值
    z.Add(x,y);                                //计算 z=x+y
    x.Display();                               //输出复数 x
    y.Display();                               //输出复数 y
    z.Display();                               //输出复数 z
    return 0;
}
```

(2) 以面向对象的概念设计一个类,此类包含 3 个私有数据：unlead、lead(无铅汽油和有铅汽油)以及 total(当天总收入,无铅汽油的价格是 17 元/升,有铅汽油的价格是 16 元/升),请以构造函数方式建立此值。试输入某天所加的汽油量之后,程序列出当天的加油总收入。将如下程序补充完整。

【源程序代码】

```
#include<iostream>
using namespace std;
class Gas{
    public:
        Gas(double ulp,double lp){
            unprice =______(4)______;
```

```
            price =lp;
        }
        void show(){
            total =unlead * unprice +lead * price;
            cout<<"无铅汽油的价格为 17 元/升,有铅汽油的价格为 16 元/升"<<endl;
            cout<<"total:"<<__________(5)__________<<endl;
        }
        void getdata(){
            cout<<"请输入当天无铅汽油的总量:";
            cin>>unlead;
            cout<<"请输入当天有铅汽油的总量:";
            cin>>lead;
        }
        private:
            double unprice;
            double price;
            double lead;
            double unlead;
            double total;
};
int main(){
    Gas g1(17,16);
    g1.getdata();
    __________(6)__________;                    //显示当天总收入
    return 0;
}
```

4. 程序设计题

(1) 构造一个矩形类 Rectangle,数据成员为矩形的左下角与右上角的坐标,并利用成员函数实现对矩形周长与面积的计算。

(2) 构造一个圆类 Circle,属性为半径 Radius、圆周长和面积,实现根据输入半径计算周长和面积并输出。要求定义以半径为参数、默认值为 0 的构造函数,且周长和面积的计算在构造函数中实现。

(3) 构造一个学校在册人员类 Person,数据成员包括身份证号 IdPerson、姓名 Name、性别 Sex、生日 Birthday 和家庭住址 HomeAddress,实现对人员信息的录入和显示。

(4) 为某工厂的产品管理系统定义一个表示商品种类的类 CKind,该类有商品类型编号、商品类型名称等属性,以及用于表示类型数量的静态成员属性。

请为该类提供如下功能:

① 为该类提供合适的构造函数;

② 为该类提供析构函数,输出:商品类型名+“被析构了”;

③ 为该类提供属性修改和读取的成员函数;

④ 为该类提供合适的静态成员函数;

⑤ 完成类的测试。

实验 8

继承和派生

8.1 知识结构图

实验 8 中的知识结构图,如图 8-1 所示。

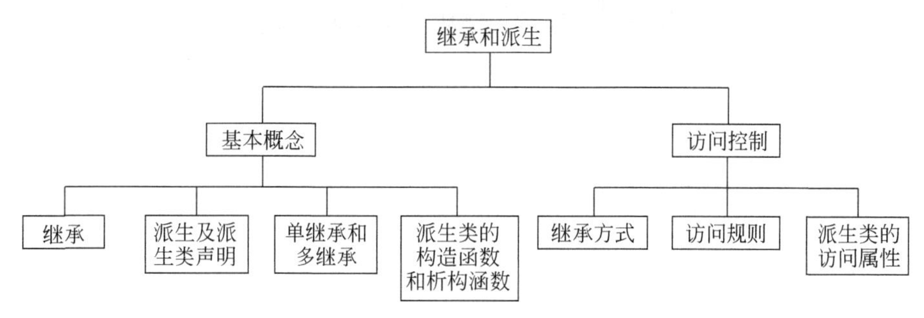

图 8-1 知识结构图

8.2 实验示例

8.2.1 单一继承公有派生实例

【源程序代码】

```
#include<iostream>
using namespace std;
//class automobile;                              //汽车类
//class car;                                     //小汽车类
class automobile{
    public:
        automobile(int n){number=n;}
        int Tnumber(){return number;}            //求汽车数量
    private:
        int  number;
};
class car: public automobile{                    //公有继承汽车类
    public:
        car(int n,int m):automobile(n){carnumber=m;}
        int Znumber(){return carnumber;}         //求小汽车数量
```

```
    private:
        int carnumber;
};
int main(){
    car b1(15,10);                                //直接调用 Tnumber()函数输出汽车数量
    cout<<"汽车数量为:"<<b1.Tnumber ()<<endl;
    cout<<"小汽车数量为:"<<b1.Znumber ()<<endl;   //输出小汽车数量
    return 0;
}
```

【运行结果】 如图 8-2 所示。

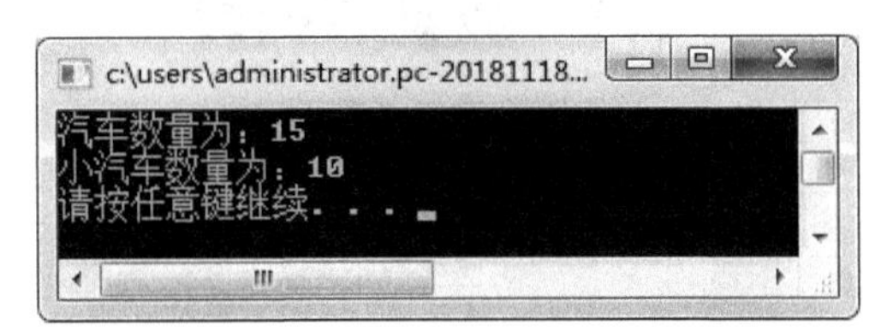

图 8-2　单一继承公有派生实例运行结果图

8.2.2　单一继承私有派生实例

【源程序代码】

```
#include<iostream>
using namespace std;
//class automobile;                             //汽车类
//class car;                                    //小汽车类
class automobile{
    public:
        automobile(int n){number=n;}
        int Tnumber(){return number;}           //求汽车数量
    private:
        int  number;
};
class car: private automobile{                  //公有继承汽车类
    public:
        car(int n,int m):automobile(n){carnumber=m;}
        int TTnumber(){return Tnumber();}       //求汽车数量
        int Znumber(){return carnumber; }       //求小汽车数量
    private:
        int carnumber;
};
int main(){
    car b1(15,10);
    //私有派生时,对象 b1 对 Tnumber()函数不可直接访问,只能使用 TTnumber()函数间接调用
    //Tnumber()函数输出汽车数量
    cout<<"汽车数量为:"<<b1.TTnumber ()<<endl;
```

```
    cout<<" 汽车数量为:"<<b1.Znumber ()<<endl;   //输出小汽车数量
    return 0;
}
```

【运行结果】 如图 8-3 所示。

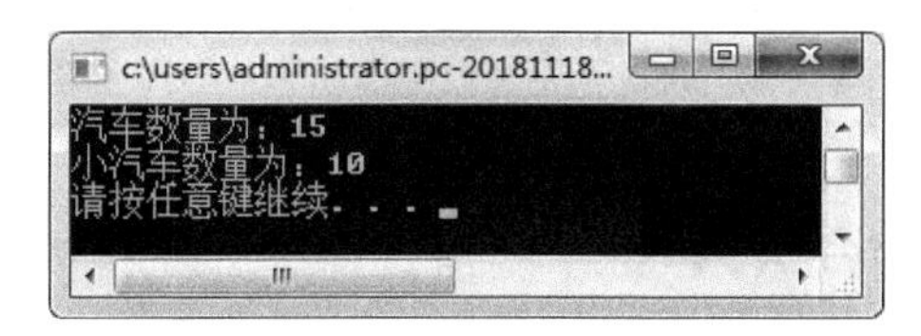

图 8-3　单一继承私有派生实例运行结果图

8.2.3　单一继承保护派生实例

【源程序代码】

```
#include<iostream>
using namespace std;
//class automobile;                                  //汽车类
//class car;                                         //小汽车类
class automobile{
    public:
        automobile(int n){number=n;}
        int Tnumber(){return number;}                //求汽车数量
    private:
        int  number;
};

class car: protected automobile{                     //公有继承汽车类
    public:
        car(int n,int m):automobile(n){carnumber=m;}
        int TTnumber(){return Tnumber();}            //求汽车数量
        int Znumber(){return carnumber; }            //求小汽车数量
    private:
        int carnumber;
};
int main(){
    car b1(15,10);
    //保护派生时,对象 b1 对 Tnumber()函数不可直接访问,只能使用 TTnumber ()函数间接调用
    //Tnumber()函数输出汽车数量
    cout<<" 汽车数量为:"<<b1.TTnumber ()<<endl;
    cout<<" 汽车数量为:"<<b1.Znumber ()<<endl;   //输出小汽车数量
    return 0;
}
```

【运行结果】 如图 8-4 所示。

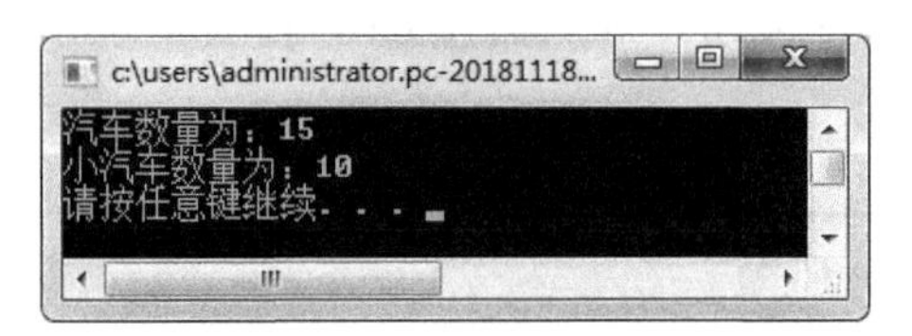

图 8-4　单一继承保护派生实例运行结果图

8.2.4　继承访问控制综合实例

【源程序代码】

```
class Automobile{                                //汽车类
    public:
        int pub_number;
    protected:
        int pro_number;
    private:
        int pri_number;
//类内成员函数,可以访问类中的任何权限的成员变量
    public:
        int auto_fun_pub() {}
    protected:
        int auto_fun_pro() {}
    private:
        int auto_fun_pri() {}
};
class Car: public Automobile{
//类内成员函数可以访问其基类部分的 public、protected 成员变量,但都不能访问 private
//成员
    public:
        int car_fun_pub(){
            pub_number =0;                       //可以访问
            pro_number =0;                       //可以访问
            pri_number =0;                       //错误,不能访问
        }
    protected:
        int car_fun_pro(){
            pub_mem =0;                          //可以访问
            pro_mem =0;                          //可以访问
            pri_mem =0;                          //错误,不能访问
        }
    private:
        int car_fun_pri(){
            pub_mem =0;                          //可以访问
            pro_mem =0;                          //可以访问
            pri_mem =0;                          //错误,不能访问
```

```
        }
    private:
        int j;
};
void main(){
    Carcar1;
    car1.pub_number;                          //可直接访问
    car1.pro_number;                          //错误,不能直接访问
    car1.pri_number;                          //错误,不能直接访问
}
```

【运行结果】 无。

8.2.5 多重继承实例

【源程序代码】

```
/*一个多重继承的例子,以计算机为例,计算机由硬盘、内存、CPU 构成,以下的所有函数均直接写在
  类中*/
#include <iostream>
#include <string>
using namespace std;
/*定义 Hdd 类表示硬盘*/
class Hdd{
    private:
        int rpm;                              //转速
        int size;                             //容量
        int cache;                            //缓存
    public:
        Hdd(int r, int s, int c){
            rpm =r;
            size =s;
            cache =c;
        }
        ~Hdd(){}
        void show_Hdd(){
            cout <<"\nHdd"<<endl;
            cout <<"rpm ="<<rpm <<"rpm"<<endl;
            cout <<"size ="<<size <<"G"<<endl;
            cout <<"cache ="<<cache <<"MB"<<endl;
        }
};
/*定义处理器类*/
class CPU{
    private:
        float C_frequency;                    //主频
        int L1;                               //一级缓存
        int L2;                               //二级缓存
```

```
        int L3;                                        //三级缓存
    public:
        CPU(float f, int l1, int l2, int l3){
            C_frequency =f;
            L1 =l1;
            L2 =l2;
            L3 =l3;
        }
        ~CPU(){}
        void show_CPU(){
            cout <<"\nCPU"<<endl;
            cout <<"C-frequency ="<<C_frequency <<"GHz"<<endl;
            cout <<"L1 ="<<L1 <<"MB"<<endl;
            cout <<"L2 ="<<L2 <<"MB"<<endl;
            cout <<"L3 ="<<L3 <<"MB"<<endl;
        }
};
/*定义内存类*/
class Memery{
    private:
        float M_frequency;                             //频率
        int MemerySize;                                //内存大小
        string DDR_Type;                               //接口类型
    public:
        Memery(float mf, int ms, string Dt){
            M_frequency =mf;
            MemerySize =ms;
            DDR_Type =Dt;
        }
        ~Memery(){}
        void show_Memery(){
            cout <<"\nMemery"<<endl;
            cout <<"M-frequency ="<<M_frequency <<"GHz"<<endl;
            cout <<"MemerySize ="<<MemerySize <<"GB"<<endl;
            cout <<"DDR_Type ="<<DDR_Type <<endl;
        }
};

/*定义计算机类,并多重继承 Hdd,CPU 和 Memery 类*/
class Computer: public Hdd, public CPU, public Memery{
    private:
        string owner;                                  //计算机所有者
        string tradmark;                               //商标
    public:
    /*注意构造函数的形式*/
        Computer(string o, string tm, int hr, int hs, int hc, float cf, int cl1, int
cl2, int cl3, float mf, int ms, string mdf):Hdd(hr, hs, hc), CPU(cf, cl1, cl2, cl3),
```

```
Memery(mf, ms, mdf){
            owner =o;
            tradmark =tm;
        }
        ~Computer(){}
        void show_all(){
            cout <<"owner ="<<owner <<endl;
            cout <<"tradmark ="<<tradmark <<endl;
            show_CPU();
            show_Memery();
            show_Hdd();
        }
};
int main(int argc, char const * argv[]){
    Computer desktop("BillGates", "Thinkpad", 7200, 500, 32, 2.6, 1, 2, 3, 1.3, 4,
"DDR3");                                        //将所有参数写入构造函数
    desktop.show_all();                         //显示所有信息
    return 0;
}
```

【运行结果】 如图 8-5 所示。

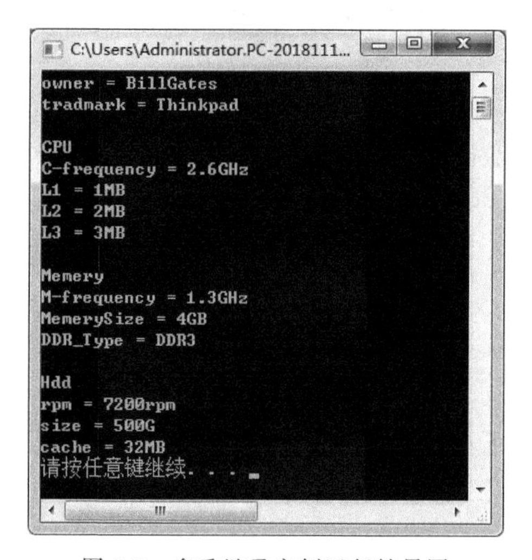

图 8-5 多重继承实例运行结果图

8.3 实验练习

8.3.1 实验目的和要求

1. 实验目的

(1) 掌握继承和派生的基本概念。

(2) 掌握访问控制的特点与使用方法。

(3) 掌握单一继承的基本应用。

(4) 熟悉多重继承的方法。

2. 实验要求

(1) 将实验中每个功能用一个函数实现。

(2) 每个程序输入前要有输入提示(如“请输入 2 个整数,中间用空格隔开”);每个输出数据都要求有内容说明(如“280 与 100 的和是 380”)。

(3) 函数名称和变量名称等用英文或英文简写形式(每个单词第一个字母大写)说明。

(4) 在 E 盘中建立“*姓名+学号*”文件夹,并在该文件夹中创建“实验 8”文件夹(以后每次实验分别创建对应的文件夹),本次实验的所有程序和数据都要求存储到本文件夹中。

8.3.2 实验内容

1. 程序分析题

(1) 阅读下列程序,写出执行结果。

```
#include<iostream>
using namespace std;
class base {
    public:
        base(){cout<<"constrUCting base class"<<endl;}
        ~base(){cout<<"destructing base class"<<endl;}
};
class subs:public base{
    public:
        subs(){cout<<"constructing sub class"<<endl;}
        ~subs(){cout<<"destructing sub class"<<endl;}
};
void main(){
    subs s;
}
```

运行结果是: ______________________

(2) 阅读下列程序,写出执行结果。

```
#include<iostream>
using namespace std;
class base{
    int n;
    public:
        base(int a){
            cout<<"constructing base class"<<endl;
            n=a;
            cout<<"n="<<n<<endl;
        }
        ~base(){cout<<"destructing base class"<<endl;}
};
class subs:public base{
```

```
    base bobj;
    int m;
    public:
        subs(int a,int b,int c):base(a),bobj(c){
            cout<<"constructing sub cass"<<endl;
            m=b;
            cout<<"m="<<m<<endl;
        }
        ~subs(){cout<<"destructing sub class"<<endl;}
};
void main(){
    subs s(1,2,3);
}
```

运行结果是：____

(3) 阅读下列程序,写出执行结果。

```
#include <iostream>
using namespace std;
#include<iostream>
using namespace std;
class A{
    public:
        int n;
};
class B:public A{};
class C:public A{};
class D:public B,public C{
    int getn(){return B::n;}
};
void main(){
    D d;
    d.B::n=10;
    d.C::n=20;
    cout<<d.B::n<<","<<d.C::n<<endl; system("pause");
}
```

运行结果是：____

(4) 阅读下列程序,写出执行结果。

```
#include<iostream>
using namespace std;
class A{
    public:
    int n;
};
class B:virtual public A{};
class C:virtual public A{};
```

```
class D:public B,public C{
    int getn(){return B::n;}
};
void main(){
    D d;
    d.B::n=10;
    d.C::n=20;
    cout<<d.B::n<<","<<d.C::n<<endl;
}
```

运行结果是：____

2. 程序改错题

下面的类定义中有一处错误，请写出错误代码并改正。

```
#include <iostream.h>
class XA{
    int x;
    public:
        XA(int n) {x=n;}
    };
class XB: public XA{
    int y;
    public:
        XB(int a,int b);
};
XB::XB(int a,int b):x(a),XB(b){ }
```

错误代码：____________________，改正为：____________________。

3. 程序填空题

编写一个程序：设计一个汽车类 vehicle，包含的数据成员有车轮个数 wheels 和车重 weight。小车类 car 是它的私有派生类，其中包含载人数 passenger_load。卡车类 truck 是 vehicle 的私有派生类，其中包含载人数 passenger_load 和载重量 payload，每个类都有相关数据的输出方式。其中，vehicle 类是基类，由它派生出 car 类和 truck 类，并将公共的属性和方法放在 vehicle 类中，本程序的执行结果如图 8-6 所示。

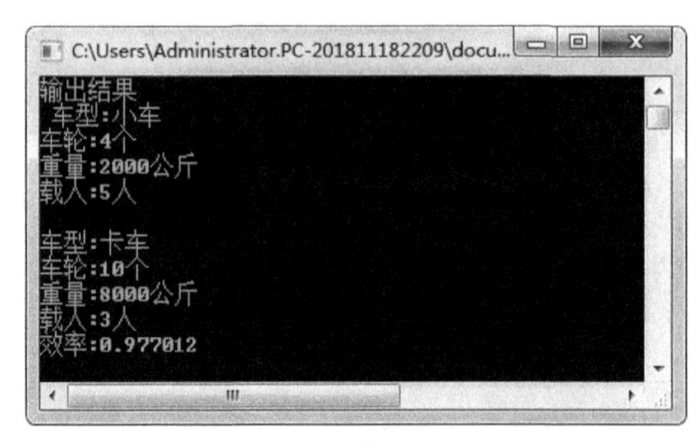

图 8-6　程序执行结果

请根据题意及程序执行结果，把程序中所缺代码补齐。

```
#include<iostream>
using namespace std;
class vehicle{                                      //定义汽车类
    protected:
        int wheels;                                 //车轮数
        float weight;                               //重量
    public:
        vehicle(int wheels,float weight);
        int get_wheels();
        float get_weight();
        float wheel_load();
        void show();
};
class car:public vehicle{                           //定义小车类
    int passenger_load;                             //载人数
    public:
        car(int wheels,float weight,int passengers=4);
        int get_passengers();
        void show();
};
class truck:public vehicle{                         //定义卡车类
    int passenger_load;                             //载人数
    float payload;                                  //载重量
    public:
        truck(int wheels,float weight,int passengers=2,float max_load=24000.00);
        int get_passengers();
        float efficiency();
        void show();
};
vehicle::vehicle(int wheels,float weight){
    vehicle::wheels=wheels;
    vehicle::weight=weight;
}
int vehicle::get_wheels(){
    return wheels;
}
float vehicle::get_weight(){
    return weight/wheels;
}
void vehicle::show(){
    cout <<"车轮:"<<wheels <<"个"<<endl;
    cout <<"重量:"<<weight <<"公斤"<<endl;
}
car::car(int wheels, float weight, int passengers) :vehicle (wheels, weight){
    passenger_load=passengers;
```

```
}
int car::get_passengers (){
    return ________(1)________;
}
void car::show(){
    cout <<" 车型:小车"<<endl;
    vehicle::show();
    cout <<"载人:"<<passenger_load <<"人"<<endl;
    cout <<endl;
}
truck:: truck(int wheels, float weight, int passengers, float max_load):vehicle
(wheels,weight){
    passenger_load=passengers;
    payload=________(2)________;
}
int truck::get_passengers(){
    return passenger_load;
}
float truck::efficiency(){
    return payload/(payload+weight);
}
void truck::show(){
    cout <<"车型:卡车"<<endl;
    vehicle:: show ();
    cout <<"载人:"<<passenger_load <<"人"<<endl;
    cout <<"效率:"<<________(3)________<<endl;
    cout <<endl;
}
void main (){
    car car1(4,2000,5);
    truck tru1(10,8000,3,340000);
    cout <<"输出结果"<<endl;
    ________(4)________
    ________(5)________
}
```

4. 程序设计题

定义一个 Point 类,派生出 Rectangle 类和 Circle 类,计算各派生类对象的面积 Area()。

实验 9

多态性、虚函数

9.1 知识结构图

实验 9 中的知识结构图，如图 9-1 所示。

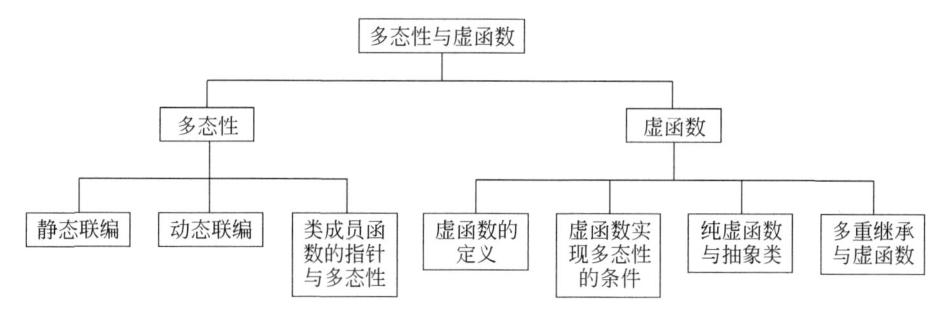

图 9-1 知识结果图

9.2 实验示例

9.2.1 静态多态实例

【源程序代码】

```
class A{
    public:
        void Set(int a){
            _a =a;
            cout<<"_a="<<_a<<endl;


        }
    public:
        int _a;
};
int main(){
    A a1;
    a1.Set(15);                                    //通过对象名调用成员函数
    return 0;
}
```

【运行结果】 如图 9-2 所示。

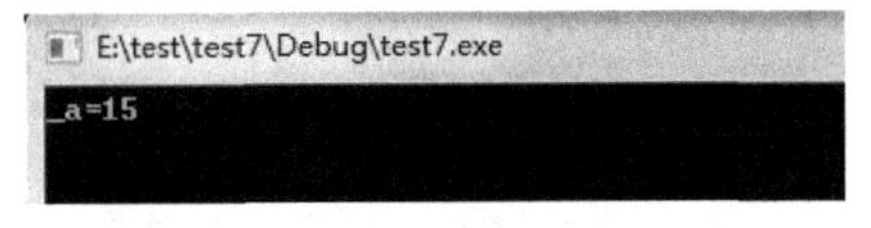

图 9-2　静态多态实例运行结果图

9.2.2　动态多态实例

【源程序代码】

```
class A{
    public:
        A(int a =10)
            :_a(a)
        {  }
        virtual void Get(){
            cout <<"A:: _a="<<_a <<endl;
        }
    public:
        int _a;
};
class B :  public A{
    public:
        B(int b =20)
            :_b(b)
        {  }
        void Get(){
            cout <<"B:: _b="<<_b <<endl;
        }
        int _b;
};
int main(){
    A a1;
    B b1;
    A* ptr1 =&a1;
    ptr1->Get();                              //通过基类指针调用基类自己的成员函数
    ptr1 =&b1;
    ptr1->Get();                              //通过基类指针调用派生类 B 成员函数
    return 0;
}
```

【运行结果】 如图 9-3 所示。

E:\test\test7\Debug\test7.exe
A:: _a=10
B:: _b=20

图 9-3　动态多态实例运行结果图

9.2.3 使用指向不同对象的指针实现多态性实例

【例 9-1】 使用指向不同对象的指针实现多态性，以输出某种汽车的数量。

【源程序代码】

```
#include<iostream>
using namespace std;
//class automobile;                          //汽车类
//class car;                                 //小汽车类
//class Truck;                               //卡车类
//class bus;                                 //公共汽车类
class automobile{
    public:
        automobile(int n){number=n;}
        virtual int Tnumber(){return 0;}     //求汽车数量
    public : int  number;
};
class car: public automobile{                //公有继承汽车类
    public:
        car(int n):automobile(n){}
    int Tnumber(){                           //重写数量函数
        cout <<"car::Tnumber()"<<endl;
        return number;
    }
};
class Truck: public automobile{              //公有继承汽车类
    public:
    Truck(int n):automobile(n){   }
    int Tnumber(){                           //重写数量函数
        cout <<"Truck::Tnumber()"<<endl;
        return number ;
    }
};
class Bus : public automobile{               //公有继承汽车类
    public:
        Bus(int n):automobile(n){ }
        int  Tnumber(){                      //重写数量函数
            cout <<"Bus::Tnumber()"<<endl;
            return number;
        }
};
int main(){
    int nRetCode =0;
    automobile * T;                          //定义汽车类指针
    car t1(4);                               //定义小汽车对象
    Truck t2(2);                             //定义卡车对象
    Bus t3(5);                               //定义卡车对象
```

```
    T=&t1;
    cout<<T->Tnumber()<<endl;
    T=&t2;
    cout<<T->Tnumber()<<endl;
    T=&t3;
    cout<<T->Tnumber()<<endl;
    getchar();
    return 0;
}
```

【运行结果】 如图 9-4 所示。

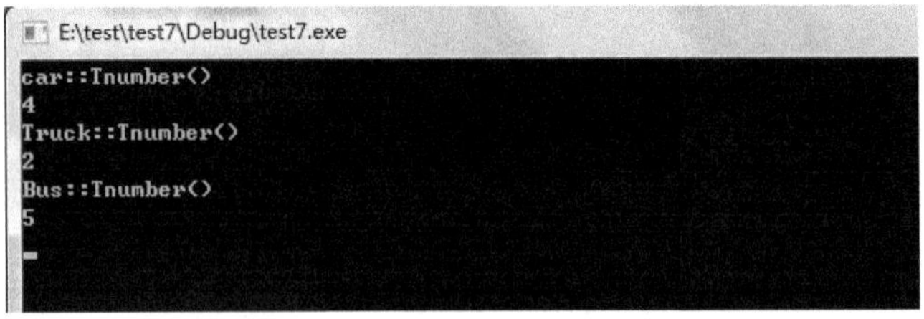

```
E:\test\test7\Debug\test7.exe
car::Tnumber()
4
Truck::Tnumber()
2
Bus::Tnumber()
5
```

图 9-4　使用指向不同对象的指针实现多态性——汽车数量运行结果图

【例 9-2】 使用指向不同对象的指针实现多态性，以输出两个圆和一个圆柱的面积。判断两个圆类对象的半径是否相等，如果相等返回 1，如果不相等返回 0。

【源程序代码】

```
#include <iostream>
using namespace std;
const double PI=3.14159;
class Graph{
    public:
        virtual double area()=0;
};
class round:public Graph{
    public:
        double radius;
        round(double r){radius=r;}
    double area(){
        return PI * radius * radius;}
    bool round::operator==(const round &n)const{
        return(radius==n.radius); }
};
class column:public round{
    public:
        column(double r,double h):round(r){height=h;}
        double area(){
            return 2.0 * PI * radius * (height+radius);}
    private:
        double height;
```

```
};
int main(){
    Graph * p;
    round sobj1(2),sobj2(3);
    p=&sobj1;
    cout<<"半径为 2 的圆的面积为:"<<p->area()<<endl;
    column cobj(3,4);
    p=&cobj;
    cout<<"半径为 3,高为 4 的圆柱体的面积为"<<p->area()<<endl;
    if(sobj1==sobj2)
        cout<<"两个圆的半径相等"<<endl;
    else cout<<"两个圆的半径不相等"<<endl;
    system("pause");
}
```

【运行结果】 如图 9-5 所示。

```
E:\test\test7\Debug\test7.exe
半径为2的圆的面积为: 12.5664
半径为3, 高为4的圆柱体的面积为131.947
两个圆的半径不相等
请按任意键继续. . .
```

图 9-5 使用指向不同对象的指针实现多态性——圆和圆柱面积运行结果图

9.2.4 多重继承与虚函数实例

【源程序代码】

```
//多重继承
#include <iostream>
using namespace std;
class ClassA{
    public:
        ClassA() { cout <<"ClassA::ClassA()"<<endl; }
        virtual ~ClassA() { cout <<"ClassA::~ClassA()"<<endl; }
        void func1() { cout <<"ClassA::func1()"<<endl; }
        void func2() { cout <<"ClassA::func2()"<<endl; }
        virtual void vfunc1() { cout <<"ClassA::vfunc1()"<<endl; }
        virtual void vfunc2() { cout <<"ClassA::vfunc2()"<<endl; }
    private:
        int aData;
};
class ClassB : public ClassA{
    public:
        ClassB() { cout <<"ClassB::ClassB()"<<endl; }
        virtual ~ClassB() { cout <<"ClassB::~ClassB()"<<endl; }
        void func1() { cout <<"ClassB::func1()"<<endl; }
        virtual void vfunc1() { cout <<"ClassB::vfunc1()"<<endl; }
```

```
    private:
        int bData;
};
class ClassC : public ClassB{
    public:
        ClassC() { cout <<"ClassC::ClassC()"<<endl; }
        virtual ~ClassC() { cout <<"ClassC::~ClassC()"<<endl; }
        void func2() { cout <<"ClassC::func2()"<<endl; }
        virtual void vfunc2() { cout <<"ClassC::vfunc2()"<<endl; }
    private:
        int cData;
};
int main(){
    ClassA* a =new ClassC;
    a->func1();         //"ClassA::func1()"   隐藏 ClassB::func1()
    a->func2();         //"ClassA::func2()"   隐藏 ClassC::func2()
    a->vfunc1();        //"ClassB::vfunc1()"   ClassB 把 ClassA::vfunc1()覆盖了
    a->vfunc2();        //"ClassC::vfunc2()"   ClassC 把 ClassA::vfunc2()覆盖了
    ClassB* b =new ClassC;
    b->func1();         //"ClassB::func1()"    有权限操作时,子类优先
    b->func2();         //"ClassA::func2()"    隐藏 ClassC::func2()
    b->vfunc1();        //"ClassB::vfunc1()"   ClassB 把 ClassA::vfunc1()覆盖了
    b->vfunc2();        //"ClassB::vfunc2()"   ClassC 把 ClassA::vfunc2()覆盖了
}
```

【运行结果】 如图 9-6 所示。

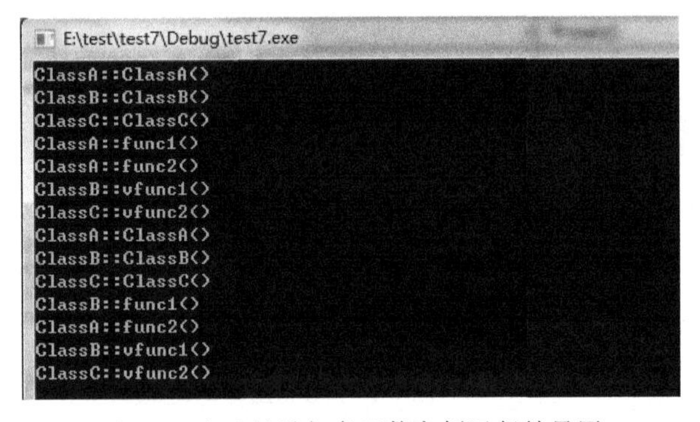

图 9-6 多重继承与虚函数实例运行结果图

9.3 实验练习

9.3.1 实验目的和要求

1. 实验目的

(1) 熟悉多态性的基本概念。

(2) 掌握静态联编和动态联编。

(3) 掌握虚函数实现多态性的条件。

(4) 掌握利用虚函数实现多态性的方法。

2. 实验要求

(1) 将实验中每个功能用一个函数实现。

(2) 每个程序输入前要有输入提示(如"请输入 2 个整数,中间用空格隔开");每个输出数据都要求有内容说明(如"280 与 100 的和是 380")。

(3) 函数名称和变量名称等用英文或英文简写形式(每个单词第一个字母大写)说明。

(4) 在 E 盘中建立"*姓名+学号*"文件夹,并在该文件夹中创建"实验 9"文件夹(以后每次实验分别创建对应的文件夹),本次实验的所有程序和数据都要求存储到本文件夹中。

9.3.2 实验内容

1. 程序分析题

(1) 阅读下列程序,写出执行结果。

```
#include <iostream>
using namespace std;
class T{
    public :
        T() { a =0; b =0; c =0; }
            T( int i, int j, int k ){ a =i; b =j; c =k; }
        void get( int &i, int &j, int &k ){ i =a; j =b; k =c; }
        T operator * ( T obj );
    private:
        int a , b , c;
};
T T::operator * ( T obj ){
    T tempobj;
    tempobj.a =a * obj.a;
    tempobj.b =b * obj.b;
    tempobj.c =c * obj.c;
    return tempobj;
}
int main(){
    T obj1( 1,2,3 ), obj2( 5,5,5 ), obj3;
    int a , b , c;
    obj3 =obj1 * obj2;
    obj3.get( a, b, c );
    cout<<"( obj1 * obj2 ):  "
<<"a ="<<a<<'\t'<<"b ="<<b<<'\t'<<"c ="<<c<<'\t'<<endl;
    (obj2 * obj3).get( a, b, c );
    cout<<"( obj2 * obj3 ):  "
<<"a ="<<a<<'\t'<<"b ="<<b<<'\t'<<"c ="<<c<<'\t'<<endl;
}
```

运行结果是：________________

(2) 阅读下列程序，写出执行结果。

```
#include <iostream>
using namespace std;
class Vector{
    public:
        Vector() { }
        Vector(int i,int j) { x =i ; y =j ; }
        friend Vector operator+ ( Vector v1, Vector v2 ){
            Vector tempVector ;
            tempVector.x =v1.x +v2.x ;
            tempVector.y =v1.y +v2.y ;
            return  tempVector ;
        }
        void display() { cout <<"( "<<x <<", "<<y <<") "<<endl ; }
    private:
        int x , y ;
};
int main(){
    Vector v1( 1, 2 ), v2( 3, 4 ), v3 ;
    cout <<"v1 =" ;
    v1.display() ;
    cout <<"v2 =" ;
    v2.display() ;
    v3 =v1 +v2 ;
    cout <<"v3 =v1 +v2 =" ;
    v3.display() ;
}
```

运行结果是：________________

(3) 阅读下列程序，写出执行结果。

```
#include <iostream>
using namespace std;
class Base{
    public:
        virtual void getxy( int i,int j =0 ) { x =i; y =j; }
        virtual void fun() =0 ;
    protected:
        int x , y;
} ;
class A : public Base{
    public:
        void fun(){
            cout<<"x ="<<x<<'\t'<<"y =x * x ="<<x*x<<endl; }
};
class B : public Base{
```

```
    public:
        void fun(){
            cout <<"x ="<<x <<'\t' <<"y ="<<y <<endl;
            cout <<"y =x / y ="<<x / y <<endl;
        }
};
int main(){
    Base * pb;
    A obj1;
    B obj2;
    pb =&obj1;
    pb ->getxy( 10 );
    pb ->fun();
    pb =&obj2;
    pb ->getxy( 100, 20 );
    pb ->fun();
}
```

运行结果是：____

2. 程序改错题

下面的类定义中有一处错误，请写出错误代码并改正。

```
#include <iostream.h>
class Base{
    public:virtual void fun()=0;
};
class Test:public Base{
    public:virtual void fun(){cout<<"Test.fun="<<endl;}
};
void main(){
    Base a;
    Test * p;p=&a;
}
```

错误代码：____________________，改正为：____________________。

3. 程序填空题

（1）将下面程序补充完整，使程序的输出结果为：

```
ClassA::Print
ClassB::Print
```

程序代码如下：

```
#include<iostream.h>
class Base{
    public:
    virtual void Print() const {
        cout<<"Base::Print"<<endl;
```

```
    }
};
class ClassA:public Base{
    public:
        void Print()const{cout<<"ClassA::Print"<<endl;}
};
class ClassB:public Base{
    public:
        void Print()const{cout<<"ClassB::Print"<<endl;}
};
void Print(__________(1)__________){
    __________(2)__________;
}
void main(){
    ClassA a;
    ClassB b;
    Print(a);
    Print(b);
}
```

(2) 使用虚函数编写程序求球体和圆柱体的体积及表面积。由于球体和圆柱体都可以看作由圆继承而来的,所以可以把圆类 Circle 作为基类。在 Circle 类中定义一个数据成员 radius 和两个虚函数 area 和 volume。由 Circle 类派生 Sphere 类和 Column 类。在派生类中对虚函数 area 和 volume 重新定义,分别求球体和圆柱体的体积及表面积。将如下程序补充完整并将运行结果截图。

【源程序代码】

```
#include <iostream>
using namespace std;
const double PI=3.14159265;
class circle{
    public:
        circle(double r) {__________(3)__________; }
        virtual double area() { return 0.0; }
        virtual double volume() { return 0.0; }
    protected:
        double radius;
};
class sphere:public circle{
    public:
        sphere( double r ):__________(4)__________{  }
        double area(){ return 4.0 * PI * radius * radius; }
        double volume(){
            return 4.0 * PI * radius * radius * radius / 3.0; }
};
class column:public circle{
    public:
```

```
        column( double r,double h ):circle( r ) { ______(5)______ }
        double area(){ return 2.0 * PI * radius * ( height +radius ); }
        double volume(){ return PI * radius * radius * height;    }
    private:
        double height;
};
int main(){
    circle *p;
    sphere sobj(2);
    ______(6)______;
    cout <<"球体:"<<endl;
    cout <<"体积 ="<<p->volume() <<endl;
    cout <<"表面积 ="<<p->area() <<endl;
    ______(7)______;
    p =&cobj;
    cout <<"圆柱体:"<<endl;
    cout <<"体积 ="<<p->volume() <<endl;
    cout <<"表面积 ="<<p->area() <<endl;
}
```

4. 程序设计题

某学校对教师每月工资的计算规定如下：固定工资＋课时补贴。教授的固定工资为5000 元,每个课时补贴 50 元。副教授的固定工资为 3000 元,每个课时补贴 30 元。讲师的固定工资为 2000 元,每个课时补贴 20 元。定义教师抽象类,派生不同职称的教师类,编写程序求若干个教师的月工资。

实验 10

运算符重载和模板

10.1 知识结构图

实验 10 中的知识结构图，如图 10-1 所示。

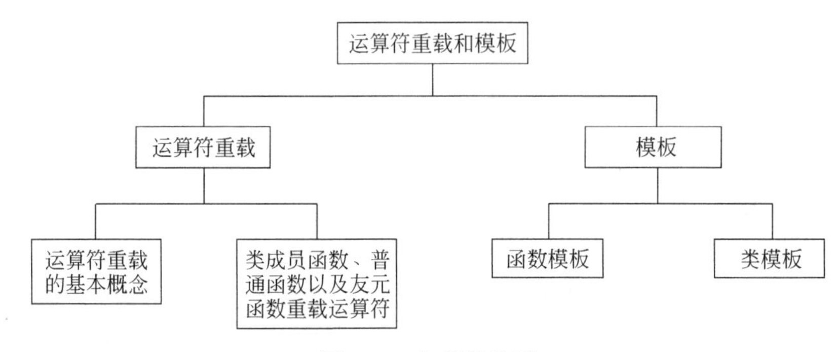

图 10-1 知识结构图

10.2 实验示例

10.2.1 成员函数形式的运算符重载实例

【源程序代码】

```
//以成员函数形式重载运算符+,实现两个字符串的加法运算(字符串连接)
#include <iostream>
#include <string.h>
using namespace std;
class mystring {
    char ms[1024];
    public:
        mystring( const char * s) { strcpy(ms,s); }
        mystring  &operator + (mystring &t){
            strcat(ms,t.ms);
            return * this;
        }
        char * getstring(){return ms; }
};
```

```
int main(){
    mystring s1("aaa"),s2("bbb");
    s1=s1+s2;
    cout <<s1.getstring() <<endl;
    system("pause");
    return 0;
}
```

【运行结果】 如图 10-2 所示。

图 10-2 成员函数形式的运算符重载实例运行结果图

10.2.2 复数运算——友员函数形式的运算符重载实例

【源程序代码】

```
#include <iostream>
using namespace std;
class Complex{
    public:
        Complex(){real=0;imag=0;}
        Complex(double r,double i){real=r;imag=i;}
        friend Complex operator +(Complex &c1, Complex &c2);
        friend Complex operator -(Complex &c1, Complex &c2);
        friend Complex operator * (Complex &c1, Complex &c2);
        friend Complex operator / (Complex &c1, Complex &c2);
        void display();
    private:
        double real;
        double imag;
};
//下面定义成员函数
Complex operator +(Complex &c1, Complex &c2){
    return Complex (c1.real +c2.real, c1.imag +c2.imag);
}
Complex operator -(Complex &c1, Complex &c2){
    return Complex (c1.real -c2.real, c1.imag -c2.imag);
}
Complex operator * (Complex &c1, Complex &c2){
    return Complex (c1.real * c2.real -c1.imag * c2.imag, c1.imag * c2.real +c1.
real * c2.imag);
}
```

```
Complex operator / (Complex &c1, Complex &c2){
    return Complex ((c1.real * c2.real +c1.imag * c2.imag) / (c2.imag * c2.imag
+c2.real * c2.real),(c1.imag * c2.real -c1.real * c2.imag) / (c2.imag * c2.imag
+c2.real * c2.real));
}
void Complex::display(){
    cout <<"("<<real <<","<<imag <<"i)"<<endl;
}
int main(){
    Complex c1(3,4),c2(5,-10),c3;
    cout<<"c1=";
    c1.display();
    cout<<"c2=";
    c2.display();
    c3=c1+c2;
    cout<<"c1+c2=";
    c3.display();
    c3=c1-c2;
    cout<<"c1-c2=";
    c3.display();
    c3=c1 * c2;
    cout<<"c1 * c2=";
    c3.display();
    c3=c1/c2;
    cout<<"c1/c2=";
    c3.display();
    system("pause");
    return 0;
}
```

【运行结果】 如图 10-3 所示。

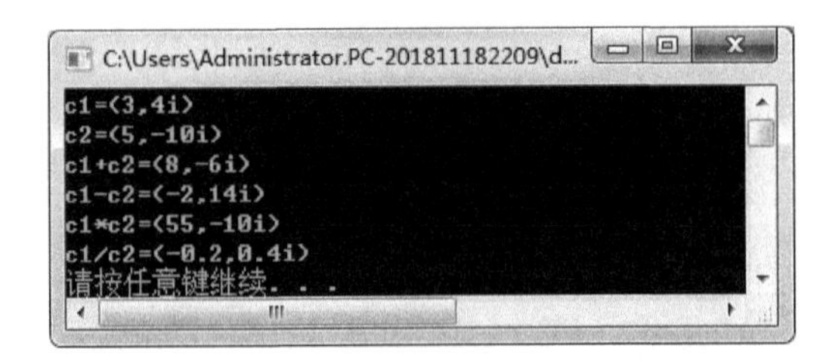

图 10-3 复数运算——友员函数形式的运算符重载实例运行结果图

10.2.3 模拟秒表——自增运算符重载实例

【源程序代码】

```
//模拟秒表,每次走 1 秒,满 60 秒进 1 分钟,此时秒又从 0 开始算。要求输出分和秒的值
#include <iostream>
```

```
using namespace std;
class Time{
    public:
    Time(){minute=0;sec=0;}
    Time(int m,int s):minute(m),sec(s){}
    Time operator++();                          //声明前置自增运算符"++"重载函数
    Time operator++(int);                       //声明后置自增运算符"++"重载函数
    void display(){cout<<minute<<":"<<sec<<endl;}
    private:
    int minute;
    int sec;
};
Time Time::operator++(){                        //定义前置自增运算符"++"重载函数
    if(++sec>=60){
        sec-=60;
        ++minute;
    }
    return *this;                               //返回自加后的当前对象
}
Time Time::operator++(int){                     //定义后置自增运算符"++"重载函数
    Time temp(*this);
    sec++;
    if(sec>=60){
        sec-=60;
        ++minute;
    }
    return temp;                                //返回的是自加前的对象
}
int main(){
    Time time1(34,59),time2;
    cout<<" time1 : ";
    time1.display();
    ++time1;
    cout<<"++time1: ";
    time1.display();
    time2=time1++;                              //将自加前的对象的值赋给 time2
    cout<<"time1++: ";
    time1.display();
    cout<<" time2 :";
    time2.display();                            //输出 time2 对象的值
    system("pause");
    return 0;
}
```

【运行结果】 如图 10-4 所示。

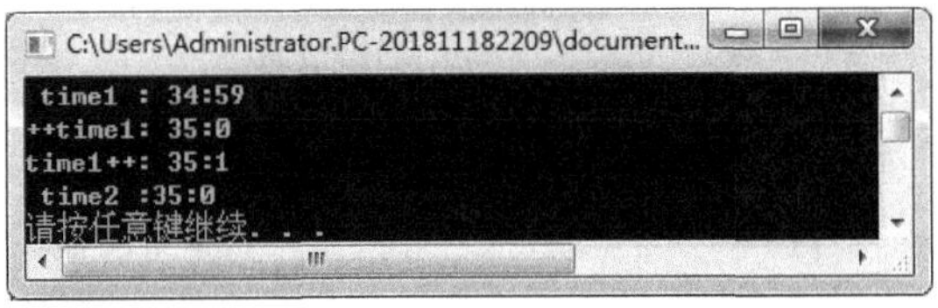

```
C:\Users\Administrator.PC-201811182209\document...
 time1 : 34:59
++time1: 35:0
time1++: 35:1
 time2 :35:0
请按任意键继续. . .
```

图 10-4　模拟秒表——自增运算符重载实例运行结果图

10.2.4　类模板的应用实例

【源程序代码】

```
//声明一个类模板,利用它分别实现 2 个整数、浮点数和字符的比较,求出大数和小数
#include <iostream>
using namespace std;
template <class numtype>
//定义类模板
class Compare{
    public :
        Compare(numtype a,numtype b){x=a;y=b;}
        numtype max( ){return (x>y)?x:y;}
        numtype min( ){return (x<y)?x:y;}
    private :
        numtype x,y;
};
int main( ){
    Compare<int >cmp1(3,7);                  //定义对象 cmp1,用于两个整数的比较
    cout<<cmp1.max( )<<" is the Maximum of two integer numbers."<<endl;
    cout<<cmp1.min( )<<" is the Minimum of two integer numbers."<<endl<<endl;
    Compare<float >cmp2(45.78,93.6);         //定义对象 cmp2,用于两个浮点数的比较
    cout<<cmp2.max( )<<" is the Maximum of two float numbers."<<endl;
    cout<<cmp2.min( )<<" is the Minimum of two float numbers."<<endl<<endl;
    Compare<char>cmp3('a','A');              //定义对象 cmp3,用于两个字符的比较
    cout<<cmp3.max( )<<" is the Maximum of two characters."<<endl;
    cout<<cmp3.min( )<<" is the Minimum of two characters."<<endl;
    system("pause");
    return 0;
}
```

【运行结果】 如图 10-5 所示。

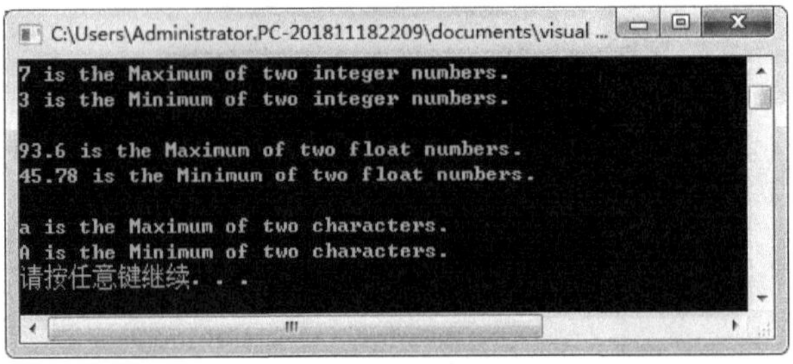

```
C:\Users\Administrator.PC-201811182209\documents\visual ...
7 is the Maximum of two integer numbers.
3 is the Minimum of two integer numbers.

93.6 is the Maximum of two float numbers.
45.78 is the Minimum of two float numbers.

a is the Maximum of two characters.
A is the Minimum of two characters.
请按任意键继续. . .
```

图 10-5　类模板的应用实例运行结果图

10.2.5 函数模板的应用实例

```
//使用函数模板实现交换不同类型的变量的值
#include <iostream>
using namespace std;
template<typename T>void Swap(T * a, T * b){
    T temp = * a;
    * a = * b;
    * b =temp;
}
int main(){
    //交换 int 变量的值
    int n1 =100, n2 =200;
    Swap(&n1, &n2);
    cout<<n1<<", "<<n2<<endl;
    //交换 float 变量的值
    float f1 =12.5, f2 =56.93;
    Swap(&f1, &f2);
    cout<<f1<<", "<<f2<<endl;
    //交换 char 变量的值
    char c1 ='A', c2 ='B';
    Swap(&c1, &c2);
    cout<<c1<<", "<<c2<<endl;
    //交换 bool 变量的值
    bool b1 =false, b2 =true;
    Swap(&b1, &b2);
    cout<<b1<<", "<<b2<<endl;
    system("pause");
    return 0;
}
```

【运行结果】 如图 10-6 所示。

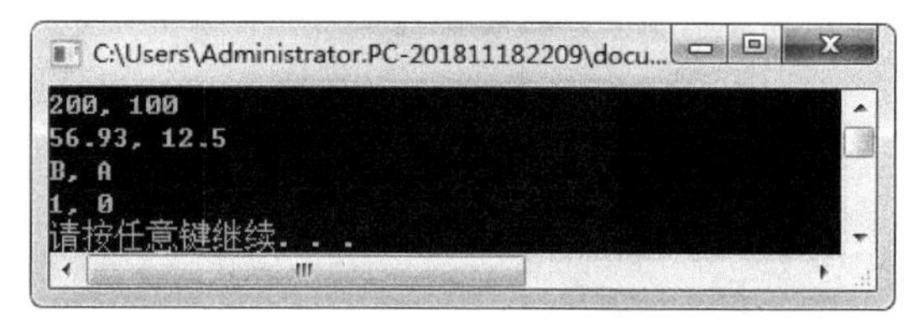

图 10-6 函数模板的应用实例运行结果图

10.3 实验练习

10.3.1 实验目的和要求

1. 实验目的

(1) 熟悉运算符重载的基本概念。

(2) 熟悉模板的定义格式。

(3) 掌握运算符重载的基本操作。

(4) 掌握模板的定义及使用。

2. 实验要求

(1) 将实验中每个功能用一个函数实现。

(2) 每个程序输入前要有输入提示(如“请输入 2 个整数,中间用空格隔开”);每个输出数据都要求有内容说明(如“280 与 100 的和是 380”)。

(3) 函数名称和变量名称等用英文或英文简写形式(每个单词第一个字母大写)说明。

(4) 在 E 盘中建立“*姓名＋学号*”文件夹,并在该文件夹中创建“实验 10”文件夹(以后每次实验分别创建对应的文件夹),本次实验的所有程序和数据都要求存储到本文件夹中。

10.3.2 实验内容

1. 程序分析题

(1) 阅读下列程序,写出执行结果。

```
#include <iostream>
using namespace std;
class Sample{
    int n;
    public:
        Sample(){}
        Sample(int m){n=m;}
        int &operator--(int){
            n--;
            return n;
        }
        void disp()  {  cout<<"rl="<<n<<endl;}
};
void main(){
    Sample s(10);
    (s--)++;
    s.disp();
}
```

运行结果是: ____________________

(2) 阅读下列程序,写出执行结果。

```
#include <iostream>
using namespace std;
class Sample{
    private:
        int x;
    public:
```

```
        Sample(){x=0;}
        void disp(){cout<<"x="<<x<<endl;}
        void operator++(){x+=10;}
};
void main(){
    Sample obj;
    obj.disp();
    obj++;
    cout<<"执行。bj++之后"<<endl ;
    obj.disp();
    system("pause");
}
```

运行结果是：________________________________

2. 程序填空题

本程序调用构造函数实现字符串对象的初始化。调用重载运算符+把 2 个字符串拼接，并通过重载运算符>来实现字符串的比较运算。

```
#include<iostream.h>
#include<string.h>
class string{
    char * str;
    public:
        string(char * s=0){
            if(________(1)________){str=new char[strlen(s)+1]; strcpy(________
(2)________;}
            else str=0;
        }
        friend string operator+(string &,string &);
        int operator>(string &);
        void show(){ if(str)cout<<str<<'\n'; }
};
string operator+(string &s1,string &s2){
    string t;
    t.str=________(3)________;
    strcat(t.str,s2.str);
    ________(4)________;
}
int string::operator>(string &s){
    if(strcmp(________(5)________)>0)return 1;
    else return 0;
}
void main(void){
    string s1("southeast university"),s2("mechanical department");
    string s3; s3=s1+s2;
    s1.show(); s2.show(); s3.show();
```

```
    cout<<(s1>s2)<<'\n';
}
```

3. 程序设计题

(1) 定义一个计数器类 Counter，对其重载运算符+。

(2) C++ 语言支持各种关系运算符(<、>、<=、>=、==等)，它们可用于比较 C++ 内置的数据类型。请编程实现某种关系运算符的重载。

文件流与文件系统

11.1 知识结构图

实验 11 中的知识结构图,如图 11-1 所示。

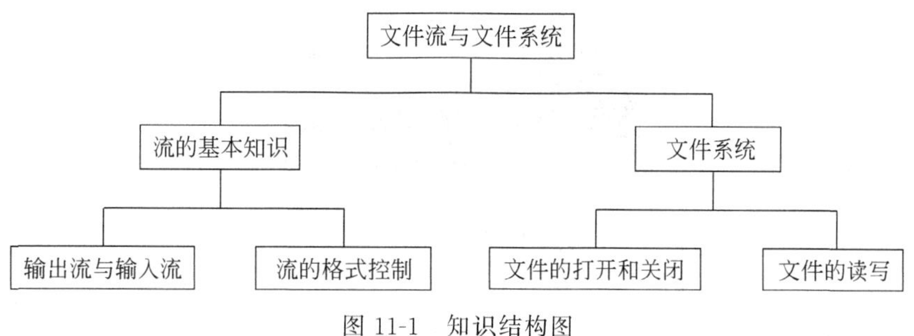

图 11-1 知识结构图

11.2 实验示例

11.2.1 文件的读取和写入简单实例

【源程序代码】

```
//读取 hello.txt 文件中的字符串,写入 out.txt 中
#include <fstream>
#include <iostream>
#include <string>
using namespace std;
int main(){
    ifstream myfile("hello.txt");
    char buf[1024] ={ 0 };
    cout<<"hello.txt 文件的内容是:"<<endl;
    while (myfile >>buf) {
        cout <<buf <<endl;}
    ofstream outfile("out.txt", ios::app);
    string temp;
    if (!myfile.is_open()){
        cout <<"未成功打开文件"<<endl;
    }
```

```
    while(getline(myfile,temp)){
        outfile <<temp;
        outfile <<endl;
    }
    myfile.close();
    outfile.close();
    ifstream outfileread("out.txt");
    cout<<"out.txt 文件的内容是:"<<endl;
    while (outfileread>>buf) {
    cout <<buf <<endl;}
    return 0;
}
```

【运行结果】 如图 11-2 所示。

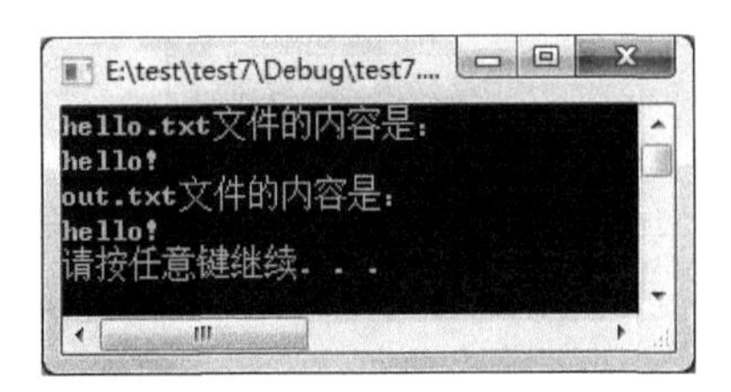

图 11-2　文件的读取和写入简单实例运行结果图

11.2.2　汽车基本信息的保存和读取实例

【源程序代码】

```
#include <fstream>
#include <iostream>
#include <string>
using namespace std;
class car{
    public:
        char number[20];
        char type[20];
        int weight;
};
int main(){
    //文本文件打开方式设为可读写
    FILE *pFile =fopen("a.txt", "w");
    car car1;
    //char a[10];
    cout<<"请输入汽车序列号:"<<endl;
    //写入文件中
    cin>>car1.number;
    fwrite(car1.number,1, strlen(car1.number), pFile);
    fwrite("\r\n",1,2,pFile);
    cout<<"请输入汽车品牌:"<<endl;
```

```
    cin>>car1.type;
    fwrite(car1.type,1, strlen(car1.type), pFile);
    fwrite("\r\n",1,2,pFile);
    cout<<"请输入汽车重量:"<<endl;
    cin>>car1.weight;
    char Tweight[10];
    _itoa_s(car1.weight,Tweight,sizeof(Tweight),10);   //把整数转换为字符串
    strcat(Tweight, "斤");
    fwrite(Tweight,1, strlen(Tweight), pFile);
    fclose(pFile);
    ifstream ifs;
    //打开文件,判断是否打开成功
    ifs.open("a.txt", ios::in);
    if (!ifs.is_open()){
        cout <<"文件打开失败!"<<endl;
        return 0;
    }
    char buf[1024] ={ 0 };
    cout<<"汽车的序列号、品牌、重量分别是:"<<endl;
    while (ifs >>buf) {
    cout <<buf <<endl;}
    return 0;
}
```

【运行结果】 如图 11-3 所示。

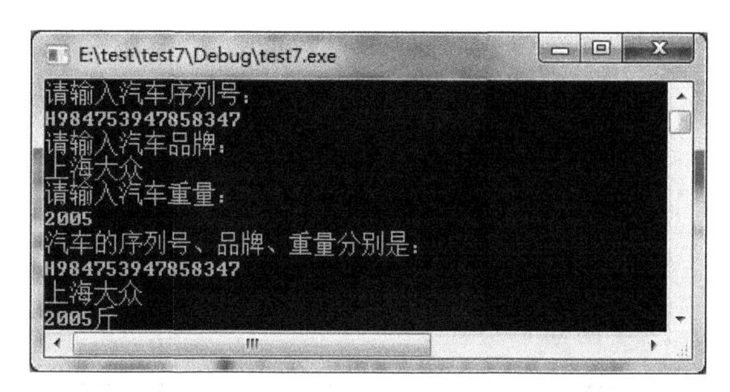

图 11-3 汽车基本信息的保存和读取实例运行结果图

11.2.3 小说更新实例

【源程序代码】

```
#include <fstream>
#include <iostream>
#include <string>
using namespace std;
class car{
    public:
        char number[20];
```

```
        char type[20];
        int weight;
};
int main(){
    int i;
    string p;
    cout<<"请选择要更新的小说号,1-3"<<endl;
    cout<<"1.射雕英雄外传"<<endl;
    cout<<"2.修仙的坑"<<endl;
    cout<<"3.第一天娇"<<endl;
    cin>>i;
    switch(i){
        case 1: p="射雕英雄外传.txt" ;break;
        case 2: p="修仙的坑.txt";break;
        case 3: p="第一天娇.txt";break;
        default: return 0;
    }
    const char * str =p.c_str();
//文本文件打开方式设为"以附加方式打开可读写的文件"
    FILE *pFile =fopen(str, "a+");
    cout<<"请输入你要添加的小说内容:"<<endl;
    //写入文件中
    string p2;
    cin>>p2;
    const char * str2 =p2.c_str();
    fwrite("\r\n",1,2,pFile);
    fwrite(str2,1, strlen(str2), pFile);
    fclose(pFile);
    system(str);            //直接打开小说所在的文本文件,可查看,也可修改
    return 0;
}
```

【运行结果】 如图 11-4 所示。

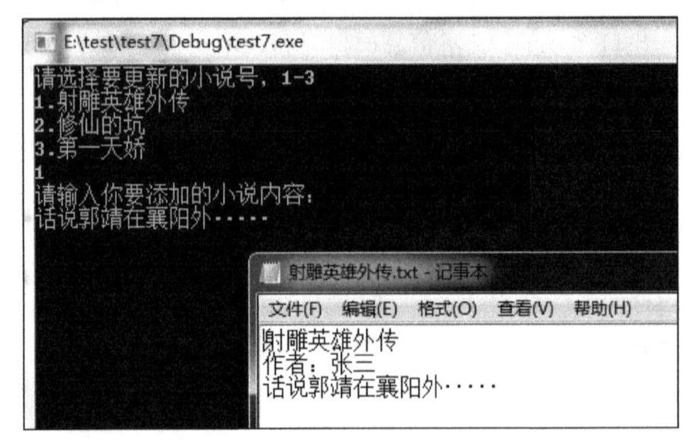

图 11-4　小说更新实例运行结果图

11.3 实验练习

11.3.1 实验目的和要求

1. 实验目的

(1) 熟悉文件和流的基本概念。

(2) 掌握文件打开和关闭。

(3) 掌握文件的读和写。

2. 实验要求

(1) 将实验中每个功能用一个函数实现。

(2) 每个程序输入前要有输入提示(如“请输入 2 个整数,中间用空格隔开”);每个输出数据都要求有内容说明(如“280 与 100 的和是 380”)。

(3) 函数名称和变量名称等用英文或英文简写形式(每个单词第一个字母大写)说明。

(4) 在 E 盘中建立“*姓名+学号*”文件夹,并在该文件夹中创建“实验 11”文件夹(以后每次实验分别创建对应的文件夹),本次实验的所有程序和数据都要求存储到本文件夹中。

11.3.2 实验内容

1. 程序填空题

(1) 编写程序,创建文件 data.txt,其内容为九九乘法表,其格式为:

```
     123456789
1    1    23456789
224681012141618
3.........
4.........
5.........
6.........
7........
8........
9182736  4554637281
```

要求通过循环自动生成该表,其中每个数据占 4 字符,右对齐。

将程序补充完整。

```
#include<iostream>
#include<fstream>
#include<iomanip>
#include<string>
using namespace std;
int main(void){
    int i,j,n,count;
    ofstream out;
    ________(1)________;                       //打开 data.txt 文件
```

```
    ____(2)____{                              //判读是否打开
        cerr<<"can't open the file"<<endl;
        return -1;
    }
    out<<"";                                  //目的是为了对齐
    for(i=1;i<10;i++)                         //输入到文件的第一层,1、2、3...9
        out<<right<<setw(7)<<i;
    out<<endl;
    for(i=1;i<10;i++){
        out<<i;                               //自第一行后,每行前的 1,2,3...9
        for(j=1;j<10;j++){                    //控制域宽
            n=i*j;
            count=0;
            while(n){
                n=n/10;
                count++;
            }
            out<<right<<setw(8-count)<<i*j;   //计算口诀表
        }
        out<<endl;
    }
    ____(3)____;                              //关闭文件
    system("pause");
}
```

(2) 定义一个学生类,然后根据学生类创建一个对象,接着将该对象的数据成员的值输出到文件中,并将该数据读入内存以检查文件的读写是否有误。

将程序补充完整。

【源程序代码】

```
#include<iostream>
#include<fstream>
#include<iomanip>
using namespace std;
class student{
    char name[20];
    char num[20];
    int age;
    bool initialized;                         //表示学生数据是否被成功读入
    public:
        student(){
            initialized=false;
        }
        bool const data_is_ok(){
            return initialized;
        }
        friend istream &operator>>(istream &in,student &x){
```

```
        if(&in==&cin)                          //从键盘输入时给出提示
            cout<<"请输入学号、姓名、年龄(以学号为'E'结束):\n";
        in>>setw(11)>>x.num;                   //读入学号
        if(in.eof()||x.num[0]=='E'){
            x.initialized=false;
            return in;
        }
        in>>setw(9)>>x.name;                   //读入姓名
        in>>setw(9)>>x.age;                    //读入年龄
        x.initialized=true;
        return in;
    }
    friend ostream &operator<<(ostream &out,const student &x){
        ________(4)________                    //输出学号
        ________(5)________                    //输出姓名
        ________(6)________                    //输出年龄
        ________(7)________                    //返回
    }
};
int main(void){
    ofstream out;
    out.open("student.txt");
    ________(8)________{                       //判断是否打开
        cerr<<"can not open the file!\n";
        ________(9)________                    //返回
    }
    student s;
    cin>>s;
    ________(10)________{                      //判断输入是否结束
        out<<s;
        cin>>s;
    }
    out.close();
    return 0;
}
```

2. 程序设计题

(1) 在文件末尾写入数据：假设 mytext.tex 文件中已有数据，如图 11-5 所示，编程实现在其末尾写入 1 到 10 的整数，运行结果如图 11-6 所示。

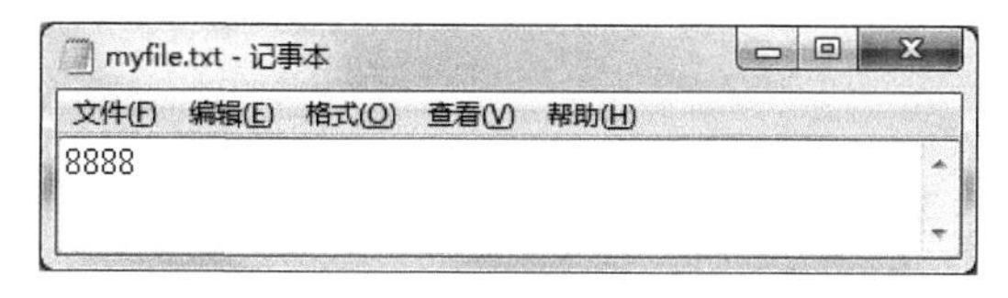

图 11-5　已有数据图

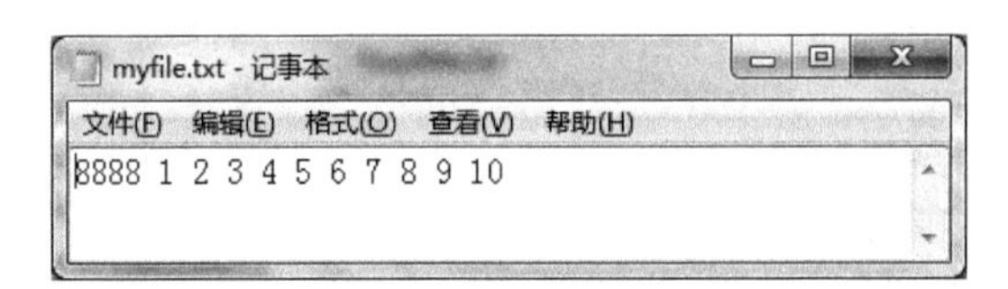

图 11-6　运行结果图

(2) 从键盘输入几名学生的姓名和年龄，输入时，在单独的一行中按 Ctrl＋Z 组合键再按回车键以结束输入。(假设学生姓名中都没有空格)以二进制文件形式存储该程序，生成一个学生记录文件 students.dat。

(3) 编程实现将(2)创建的学生记录文件 students.dat 的内容读出并显示。

实验 12

MFC 应用程序

12.1 知识结构图

实验 12 中的知识结构图,如图 12-1 所示。

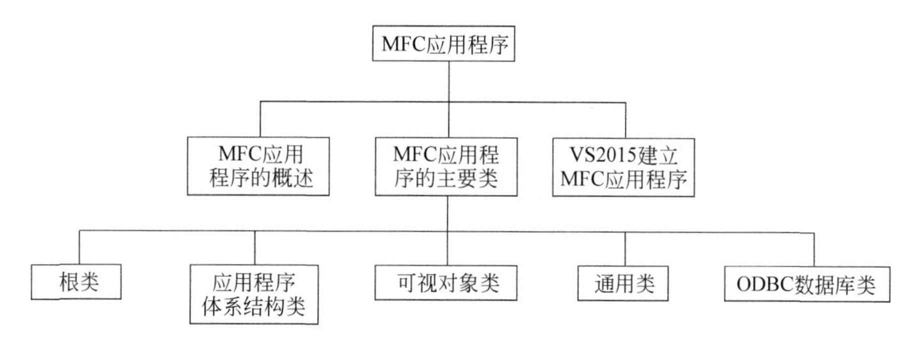

图 12-1 知识结构图

12.2 实验示例

12.2.1 简单加法计算器实例

简单加法计算器如图 12-2 所示。

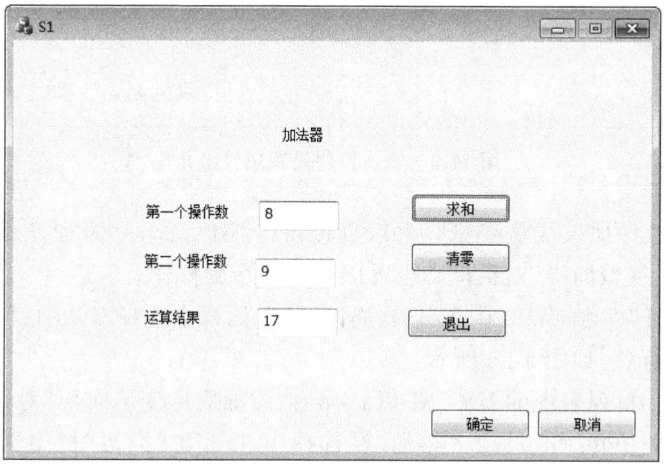

图 12-2 简单加法计算器效果图

实现步骤如下。

(1) 新建一个 MFC 项目，名称为 S1，选择的应用程序类型为“基于对话框”。

(2) 编辑对话框资源，将相应控件添加至相应位置，需要添加 3 个按钮(button)、4 个标签(static text)、3 个编辑框(edit box)。给以上控件设置属性，如表 12-1 所示。

表 12-1　简单加法计算器控件属性表

控件类型	ID	属性设置
Static Text	默认	Caption：加法器
Static Text	默认	Caption：第一个操作数
Static Text	默认	Caption：第二个操作数
Static Text	默认	Caption：运算结果
Edit Control	默认	Caption：默认
Edit Control	默认	Caption：默认
Edit Control	IDC_RESULT	read ONLY：True(使此编辑框为只读状态，不允许用户编辑)
Radio Button	IDC_ADD	Caption：求和
Radio Button	IDC_CLEAR	Caption：清零
Radio Button	IDCANCLE	Caption：退出

添加控件效果如图 12-3 所示。

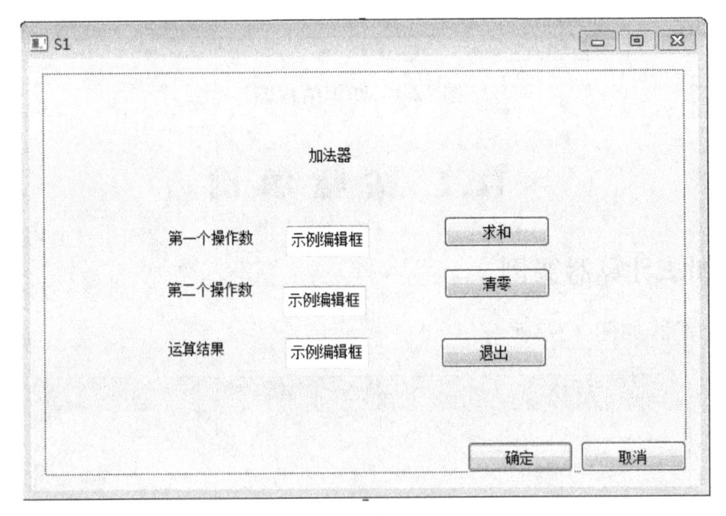

图 12-3　添加控件设置属性效果图

(3) 向应用程序加入成员变量。可以直接右击控件，选择“添加变量”，打开如图 12-4 所示的“添加成员变量向导”对话框。也可以按以下步骤操作。

① 单击“项目”-“类向导”，在弹出的“类向导”对话框中选择默认项目 S1、类名 CS1Dlg，选择“成员变量”标签，如图 12-5 所示。

② 双击控件 ID 列表中的 IDC_EDIT1，弹出“添加成员变量向导”对话框；在“成员变量名称栏”中输入 m_fOperator1，在“类别”栏选择 Value，在“类型”栏中选择 float；单击“确定”按钮，成员变量 m_fOperator1 就加入了变量列表中，如图 12-4 所示。

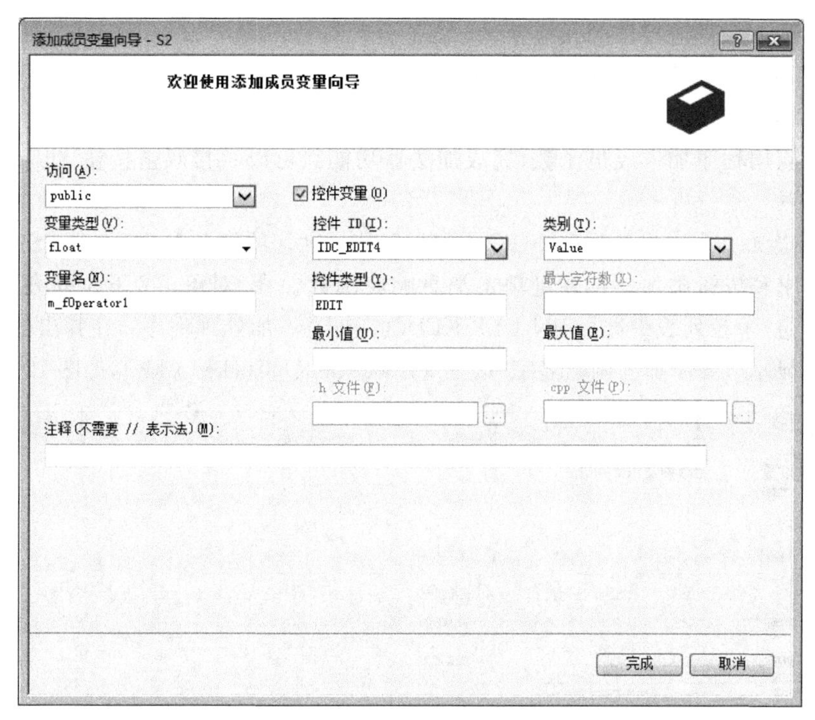

图 12-4　添加成员变量向导界面

图 12-5　使用类向导界面

(4) 同理加入其他控件的相应变量。

- IDC_EDIT2: float、m_fOperator2
- IDC_RESULT: float、m_fResult

(5) 向应用程序加入成员函数,完成加法器功能。可以直接双击按钮,也可以用采取下面的操作方法。

① 单击"项目-类向导",弹出"MFC 类向导";选择默认项目名称 S1、类名 CS1Dlg,选择"命令"标签,为求和按钮添加鼠标左键单击消息响应函数()在"对象 ID"下拉列表中选择 IDC_ADD,在"消息"下拉列表中选择 BN_CLICKED();单击"添加处理程序",在弹出的添加成员函数对话框中显示所要添加的函数名字,这里采用默认的 OnClickedAdd(),如图 12-6 所示。

图 12-6 添加按钮消息处理函数界面

② 单击"编辑代码",为刚才添加的函数编辑代码,如图 12-7 所示。

```
void CS1Dlg::OnClickedAdd(){
    //TODO: 在此添加控件通知处理程序代码
    UpdateData(true);                          //将编辑框值传到变量中
    m_fResult =m_fOperator1 +m_fOperator2;
    UpdateData(false);                         //将变量值传到编辑框中
}
```

③ 重复上述步骤,为清零按钮添加左键单击响应函数 OnClickedClear()。

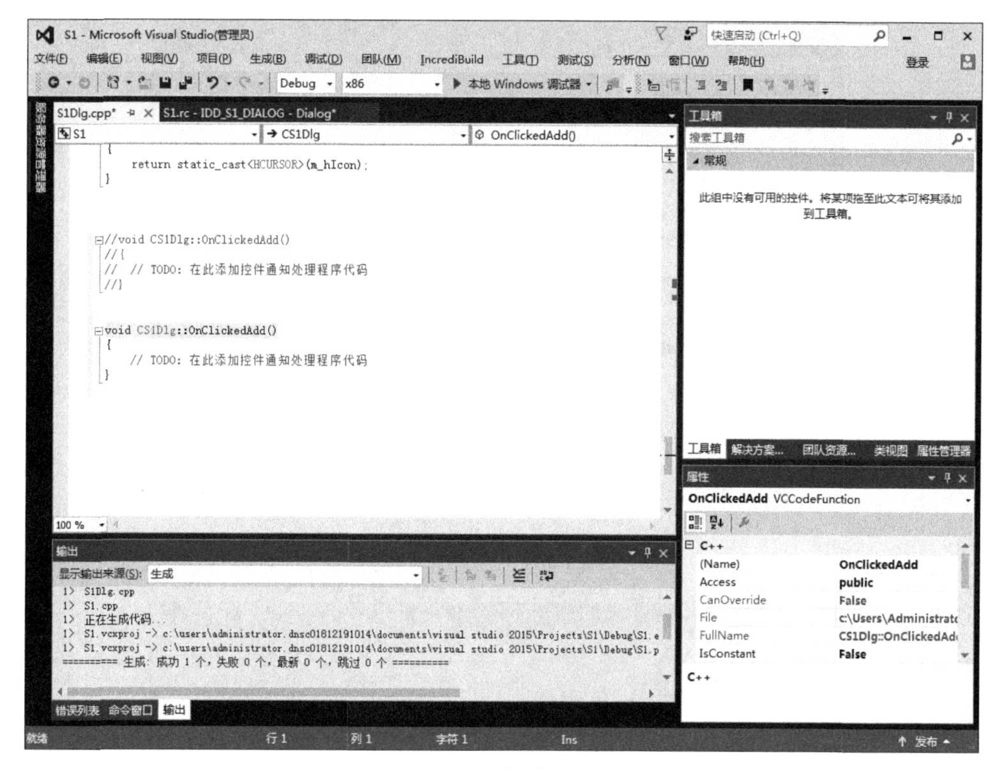

图 12-7　添加代码界面

所要编辑的代码如下。

```
void CS1Dlg::OnClickedClear(){
    //TODO: 在此添加控件通知处理程序代码
    m_fOperator1 =0.0f;
    m_fOperator2 =0.0f;
    m_fResult =0.0f;
    UpdateData(false);
}
```

(6) 按 Ctrl+F7 组合键进行编译,按 Ctrl+F5 组合键生成程序,运行该程序,加法器功能即可实现,如图 12-8 所示。

(7) 输入 2 个操作数,点求和按钮,得到运算结果,如图 12-9 所示。

12.2.2　选择网站实例

1. 创建 MFC 工程

创建一个基于对话框的 MFC 工程,名称设为 Example23。选择自动生成的主对话框 IDD_EXAMPLE23_DIALOG,属性 Caption 改为"选择网站",然后删除 TODO: Place dialog controls here.静态文本框。

2. 编辑对话框资源

将相应控件添加至相应位置,需要添加两个 Group Box、3 个单选按钮(Radio Button)、

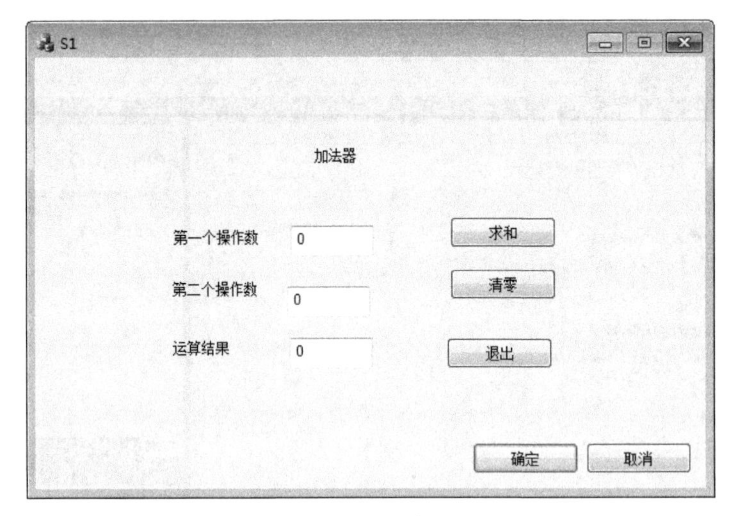

图 12-8　运行效果图

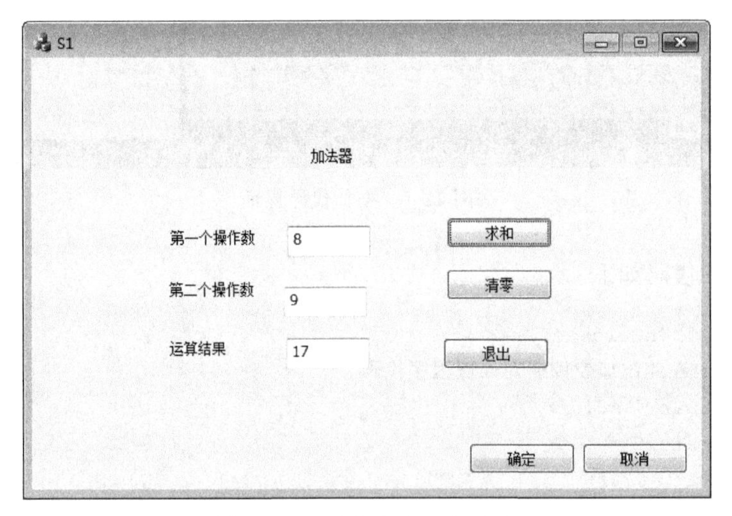

图 12-9　输入数据运算效果图

6个复选框(Check Box)、1个静态文本框和1个编辑框。给以上控件设置属性,如表12-2所示。

表 12-2　选择网站实例控属性设置表

控件类型	ID	属性设置
Group Box	默认	Caption:网站类型
Group Box	默认	Caption:网站
Radio Button	IDC_PORTAL_RADIO	Caption:门户
Radio Button	IDC_FORUM_RADIO	Caption:论坛
Radio Button	IDC_BLOG_RADIO	Caption:博客
Check Box	IDC_CHECK1	Caption:科比

续表

控件类型	ID	属性设置
Check Box	IDC_CHECK2	Caption：新浪
Check Box	IDC_CHECK3	Caption：天涯论坛
Check Box	IDC_CHECK4	Caption：韩寒博客
Check Box	IDC_CHECK5	Caption：网易
Check Box	IDC_CHECK6	Caption：凤凰网论坛
Static Text	默认	Caption：选择的网站
Edit Control	IDC_WEBSITE_SEL_EDIT	Read Only 改为 True

添加控件设置属性后效果如图 12-10 所示。

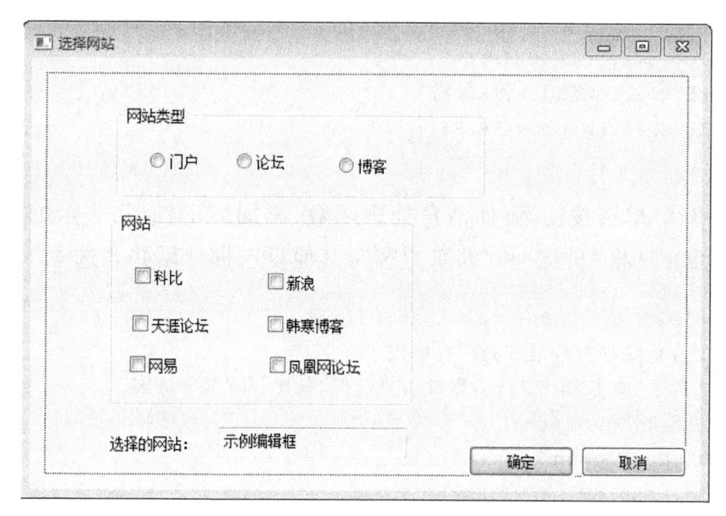

图 12-10　添加控件效果图

3. 为每个复选框添加成员变量

变量值如表 12-3 所示。

表 12-3　选择网站实例成员变量值

控件 ID	变 量 名	数据类型
IDC_CHECK1	m_check1	CButton
IDC_CHECK2	m_check2	CButton
IDC_CHECK3	m_check3	CButton
IDC_CHECK4	m_check4	CButton
IDC_CHECK5	m_check5	CButton
IDC_CHECK6	m_check6	CButton

4. 添加代码

（1）双击“门户”单选按钮，添加消息处理函数。添加以下代码，表示如果选择了“门户”单选按钮，则激活复选框“新浪”和“网易”，其他复选框禁用并非选中。

```
void CExample23Dlg::OnBnClickedRadio1(){
    //TODO: 在此添加控件通知处理程序代码
    //如果选择了"门户"单选按钮,则激活复选框"新浪"和"网易"
    InitAllCheckBoxStatus();
    m_check2.EnableWindow(TRUE);
    m_check5.EnableWindow(TRUE);
}
```

(2) 双击"论坛"单选按钮,添加消息处理函数,添加以下代码,表示如果选择了"论坛"单选按钮,则激活复选框"天涯论坛"和"凤凰网论坛",其他复选框禁用并非选中。

```
void CExample23Dlg::OnBnClickedRadio2(){
    //TODO: 在此添加控件通知处理程序代码
    //如果选择了"论坛"单选按钮,则激活复选框"天涯论坛"和"凤凰网论坛"
    InitAllCheckBoxStatus();
    m_check3.EnableWindow(TRUE);
    m_check6.EnableWindow(TRUE);
}
```

(3) 双击"博客"单选按钮,添加消息处理函数,添加以下代码,表示如果选择了"博客"单选按钮,则激活复选框"科比"和"韩寒博客",其他复选框禁用并非选中。

```
void CExample23Dlg::OnBnClickedRadio3(){
    //TODO: 在此添加控件通知处理程序代码
    //如果选择了"博客"单选按钮,则激活复选框"科比"和"韩寒博客"
    InitAllCheckBoxStatus();
    m_check1.EnableWindow(TRUE);
    m_check4.EnableWindow(TRUE);
}
```

(4) 添加成员函数:选择"类视图"中的CExample23Dlg类,右击"添加"—"添加函数",添加一个InitAllCheckBoxStatus()成员函数,如图12-11所示,添加以下代码,此函数功能是初始化所有复选框的状态,即全部禁用,全部非选中。

```
void CExample23Dlg::InitAllCheckBoxStatus(){
    //全部禁用
    m_check1.EnableWindow(FALSE);
    m_check2.EnableWindow(FALSE);
    m_check3.EnableWindow(FALSE);
    m_check4.EnableWindow(FALSE);
    m_check5.EnableWindow(FALSE);
    m_check6.EnableWindow(FALSE);
    //全部非选中
    m_check1.SetCheck(0);
    m_check2.SetCheck(0);
    m_check3.SetCheck(0);
    m_check4.SetCheck(0);
    m_check5.SetCheck(0);
```

```
    m_check6.SetCheck(0);
}
```

图 12-11　添加成员函数向导界面

5. 代码改进,完善功能

(1) 程序运行后,我们希望网站类型默认选择为"门户",那么必须修改对话框初始化函数。选择"类视图"中的 CExample23Dlg 类,切换到属性,选择"重写",找到 OnInitDialog,选择 Add OnInitDialog,在此初始化函数中添加以下代码,默认选中"门户"。

```
BOOL CExample23Dlg::OnInitDialog(){
    CDialogEx::OnInitDialog();
    //将"关于..."菜单项添加到系统菜单中
    //IDM_ABOUTBOX 必须在系统命令范围内
    ASSERT((IDM_ABOUTBOX & 0xFFF0) ==IDM_ABOUTBOX);
    ASSERT(IDM_ABOUTBOX <0xF000);
    CMenu* pSysMenu =GetSystemMenu(FALSE);
    if (pSysMenu !=NULL){
        BOOL bNameValid;
        CString strAboutMenu;
        bNameValid =strAboutMenu.LoadString(IDS_ABOUTBOX);
        ASSERT(bNameValid);
        if (!strAboutMenu.IsEmpty()){
            pSysMenu->AppendMenu(MF_SEPARATOR);
            pSysMenu->AppendMenu(MF_STRING, IDM_ABOUTBOX, strAboutMenu);
```

```
        }
    }
    //设置此对话框的图标。当应用程序主窗口不是对话框时,框架将自动
    //执行此操作
    SetIcon(m_hIcon, TRUE);                    //设置大图标
    SetIcon(m_hIcon, FALSE);                   //设置小图标
    //TODO: 在此添加额外的初始化代码
    //默认选中"门户"单选按钮
    CheckDlgButton(IDC_RADIO1, 1);
    OnBnClickedRadio1();
    return TRUE;                               //除非将焦点设置到控件,否则返回 TRUE
}
```

(2) 双击"确定"按钮,添加消息处理函数,添加以下代码,表示将选择的网站名字显示到编辑框中。

```
void CExample23Dlg::OnBnClickedOk(){
    //TODO: 在此添加控件通知处理程序代码
    CString strWebsiteSel;                      //选择的网站
    //若选中"科比"则将其加入结果字符串
    if (1 ==m_check1.GetCheck()){
        strWebsiteSel += _T("科比");
    }
    //若选中"新浪"则将其加入结果字符串
    if (1 ==m_check2.GetCheck()){
        strWebsiteSel += _T("新浪");
    }
    //若选中"天涯论坛"则将其加入结果字符串
    if (1 ==m_check3.GetCheck()){
        strWebsiteSel += _T("天涯论坛");
    }
    //若选中"韩寒博客"则将其加入结果字符串
    if (1 ==m_check4.GetCheck()){
        strWebsiteSel += _T("韩寒博客");
    }
    //若选中"网易"则将其加入结果字符串
    if (1 ==m_check5.GetCheck()){
        strWebsiteSel += _T("网易");
    }
    //若选中"凤凰网论坛"则将其加入结果字符串
    if (1 ==m_check6.GetCheck()){
        strWebsiteSel += _T("凤凰网论坛");
    }
    //将结果字符串显示于"选择的网站"后的编辑框中
    SetDlgItemText(IDC_WEBSITE_SEL_EDIT, strWebsiteSel);
}
```

6. 运行

最后运行结果如图 12-12 所示。

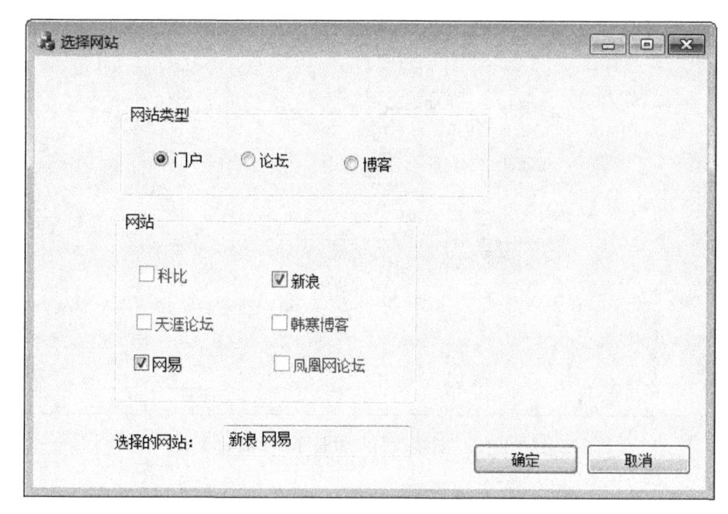

图 12-12　选择网站实例运行结果图

12.3 实验练习

12.3.1　实验目的和要求

1. 实验目的

(1) 熟悉 MFC 的基本概念。

(2) 掌握 MFC 的组织结构。

(3) 掌握 MFC 的主要类。

(4) 掌握 MFC 实现实例项目。

2. 实验要求

(1) 将实验中每个功能用一个函数实现。

(2) 每个程序输入前要有输入提示(如"请输入 2 个整数,中间用空格隔开");每个输出数据都要求有内容说明(如"280 与 100 的和是 380")。

(3) 函数名称和变量名称等用英文或英文简写形式(每个单词第一个字母大写)说明。

(4) 在 E 盘中建立"*姓名*＋*学号*"文件夹,并在该文件夹中创建"实验 12"文件夹(以后每次实验分别创建对应的文件夹),本次实验的所有程序和数据都要求存储到本文件夹中。

12.3.2　实验内容

(1) 创建 MFC 应用程序,计算圆的周长和面积,效果如图 12-13 所示。

(2) 创建 MFC 应用程序,制作一个简单的成绩管理系统,效果如图 12-14 所示。

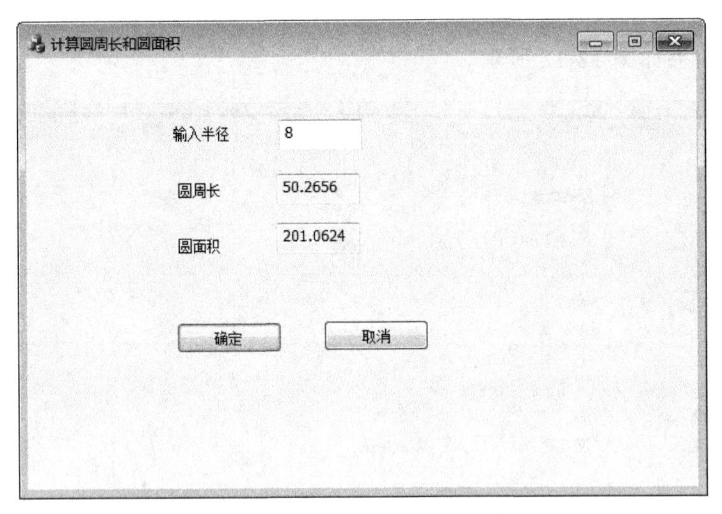

图 12-13　计算圆的周长和面积效果图

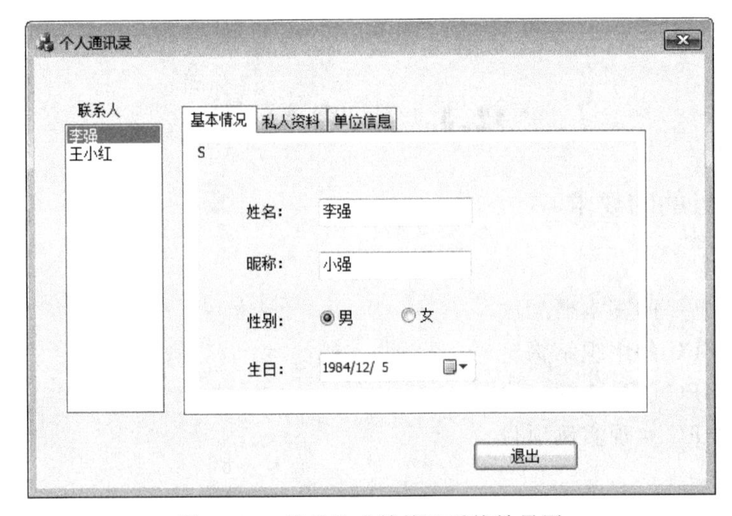

图 12-14　简单的成绩管理系统效果图

实验13

课程设计综合案例：简单汽车信息管理系统

13.1 C++ 课程设计

13.1.1 课程设计目的

通过 C++ 课程设计，使学生能将学到的面向对象的程序设计思想用到具体的工作和学习中，并达到以下几个目标。

(1) 了解并掌握 C++ 语言的基础知识及基本的设计方法，加深对类与对象的理解。

(2) 具备初步的独立分析和设计能力。

(3) 能够提高学生运用所学知识独立分析、解决实际问题的能力，并在实际动手的过程中，进一步熟悉这门语言，以求能熟练应用，并扩展课堂所学的知识，达到提高学习效果的目的。

13.1.2 课程设计要求

学生可在老师给定的几个任务选题中，选择难度适合自己的课题，通过自己对设计目标的理解，编写软件代码和设计报告。也可以根据自己的兴趣自选题目，难度适中、符合要求即可。具体要求如下。

(1) 分组选题，每组 3 人或 4 人，每组选一个题目来完成，在同一个班内每题最多两组参选。

(2) 课程设计由小组成员合作完成。

(3) 课程设计报告不少于 5000 字，以 Word 文档形式提交给老师。

(4) 课程设计报告封面应有题目、班级、姓名、学号、完成日期、指导教师等说明。

(5) 课程设计报告正文一般要求包含以下几个方面的内容。

① 可行性分析。

② 系统分析(主要包括功能分析、类设计、数据分析等)。

③ 系统实现，主要描述系统实现的详细设计过程。

④ 调试分析，在系统实现过程中进行测试用例的设计及调试，对调试过程中出现的问题进行分析，并有运行结果。

⑤ 最后以整个课程设计进行总结，写出自己的收获及存在的问题。

⑥ 可加附录。

⑦ 课程设计报告中写上参考资料。

(6) 可相互讨论或查阅参考资料，但不得与他人雷同，不得直接从网上或其他地方抄袭代码。验收时和最后提交代码后会进行是否抄袭的检验，一旦发现雷同或抄袭则成绩为不及格。

13.1.3 课程设计参考选题

1. 学生成绩管理信息系统

学生成绩管理信息系统的基本功能如下。

(1) 实现各种查询(分别根据学生的姓名、学号、班级、课程名称等)。

(2) 实现按照单科成绩、总成绩、平均成绩、学号排序。

(3) 实现学生信息的插入、删除和修改。

(4) 查询每门课程的最高分、最低分及相应学生的姓名、班级和学号。

(5) 能够查询每个班级某门课程的优秀第(90 分以上)、不及格第，并进行排序。

2. 简单汽车信息管理系统

简单汽车信息管理系统的基本功能如下。

(1) 实现汽车基本信息(包括车牌号、车主、车辆品牌、车辆颜色、载重、座位数和登记时间等信息)的插入、删除和修改。

(2) 实现汽车维修保养信息(包括车牌号、维修信息、保养信息、价格和维修保养时间)的插入、删除和修改。

(3) 能够查询汽车的各种信息。

本书选取简单的汽车信息管理系统作为 C++ 课程设计综合案例。

13.2 简单汽车信息管理系统可行性分析

13.2.1 经济可行性

这个项目比较简单，规模小，适合一般的汽车修理店和美容店。开发这个项目需要的经费不高，汽车修理店和美容店通过使用此系统会节省人力、物力方面的支出。

13.2.2 技术可行性

此系统使用 C++ 的 MFC 加上 Access 数据库技术完成。

MFC 编程方法充分利用了面向对象技术的优点，它使我们编程时极少需要关心对象方法的实现细节。同时，类库中的各种对象的强大功能，足以完成我们程序中的绝大部分所须功能，这使应用程序中程序员所须编写的代码大幅减少，有力地保证了程序良好的可调试性。

MFC 类库提供的对象的各种属性和方法都经过谨慎地编写和严格的测试，可靠性很高，这就保证了使用 MFC 类库不会影响程序的可靠性和正确性。

Access 使用方便、体积小巧、价格低廉、灵活性高。关键是完全能满足中小型企业需要，数据处理能力足够。Access 开发速度快、开发成本低、最终软件部署成本也较低；有强大的数据处理、统计分析能力。利用 Access 的查询功能，可以方便地进行各类汇总、平均等统计，并可灵活设置统计的条件。

13.3 简单汽车信息管理系统分析

简单的汽车信息管理系统分成两大模块汽车基本信息管理和汽车维修保养信息管理。汽车基本信息模块首先要管理新车辆信息，新车辆信息，包括车牌号、车主、车辆品牌、车辆颜色、载重(吨)、座位数(个)和登记时间等信息。汽车维修保养信息模块要管理车辆维修保养信息，包括车牌号、维修信息、保养信息、价格(元)和维修保养时间。两大模块产生的信息都记录到数据库中，方便对这些信息进行修改、查询和删除操作。

13.3.1 业务流程图

根据上面的功能描述，得到业务流程如图 13-1 所示。

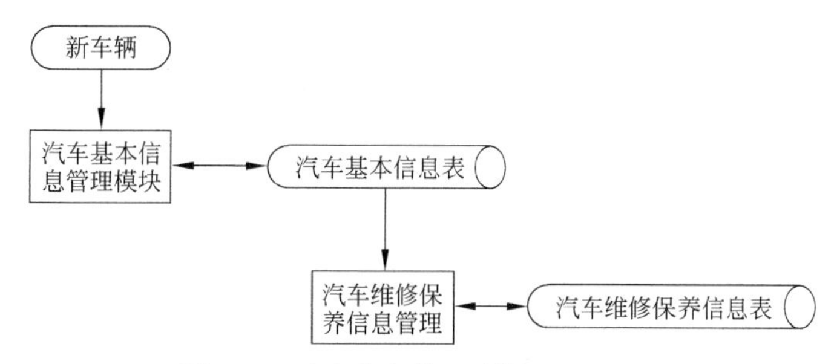

图 13-1 汽车信息管理系统业务流程图

13.3.2 数据流图

根据上面的功能描述和业务流程图，得到汽车信息管理系统的数据流程图。顶层图如图 13-2 所示，0 层图如图 13-3 所示，1 层图如图 13-4 所示。

图 13-2 汽车信息管理系统顶层数据流图

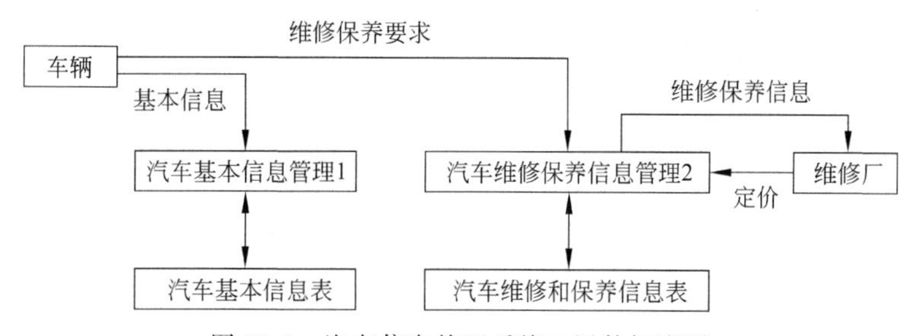

图 13-3 汽车信息管理系统 0 层数据流图

13.3.3 类设计

此系统主要包括两大模块，每个模块把类设计为基本信息类和操作类，即汽车基本信息

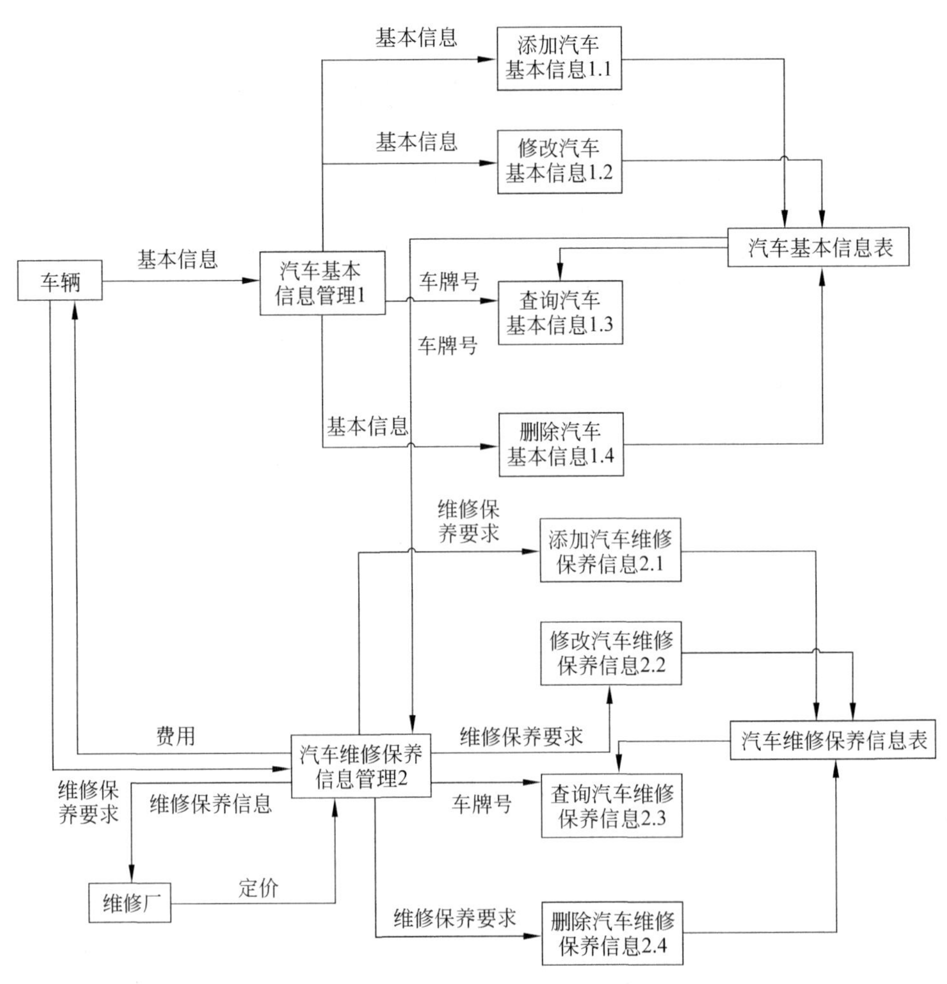

图 13-4　汽车信息管理系统 1 层数据流图

类、对汽车基本信息的操作类、汽车维修保养信息类和对汽车保养信息的操作类，大概设计如图 13-5 所示，具体设计可根据实际需要稍作修改。

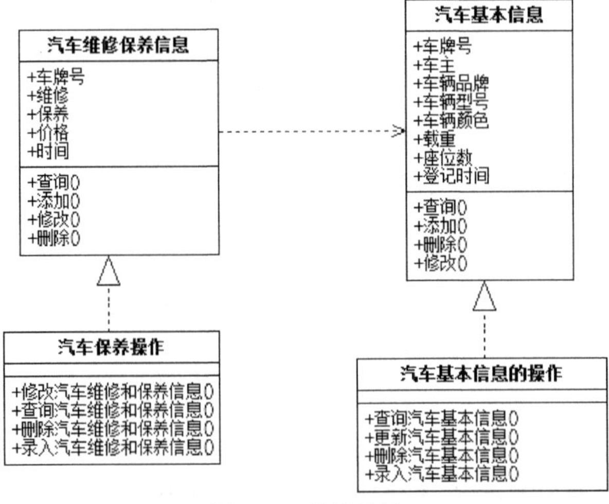

图 13-5　类设计图

13.3.4 数据库设计

此系统包含 2 个数据库表：汽车基本信息表和汽车维修和保养信息表。

汽车基本信息表，存储了汽车基本信息，包含车牌号、车主、车辆品牌、车辆颜色、载重（吨）、座位数（个）和登记时间等信息，车牌号是主键，如表 13-1 所示。

表 13-1 汽车基本信息表

名　称	描　述	类　型	长　度	约　束
车牌号	车牌号	varchar	50	主键
车主	车主	varchar	50	无
车辆品牌	车辆品牌	varchar	50	无
车辆颜色	车辆颜色	varchar	50	无
载重	载重（吨）	int	11	无
座位数	座位数（个）	int	11	无
登记时间	登记时间	datetime	8	无

汽车维修和保养信息表，存储了汽车维修保养信息，包含车牌号、维修信息、保养信息、价格（元）和维修保养时间，如表 13-2 所示。

表 13-2 汽车维修和保养信息表

名　称	描　述	类　型	长　度	约　束
车牌号	车牌号	int	50	主键
维修信息	维修信息	varchar	50	无
保养信息	保养信息	varchar	50	无
价格	价格（元）	int	11	无
维修保养时间	维修保养时间	datetime	8	无

13.4 简单汽车信息管理系统实现

13.4.1 主界面菜单

（1）新建一个 MFC 工程项目，命名为 CarManagerSystem；根据应用程序向导进行选择，应用程序类型选择“单个文档”，项目类型选择“MFC 标准”；用户界面功能的命令栏选择“使用经典菜单栏”；其他选项为默认，如图 13-6 和图 13-7 所示。

（2）将文档中的原来“文件”“编辑”和“视图”菜单选项删除；在“帮助”前面插入 2 个菜单选项，每个菜单选项又有添加、修改、查询和删除 4 个选项，并给每个子菜单设置 ID，如表 13-3 所示。效果如图 13-8 所示。

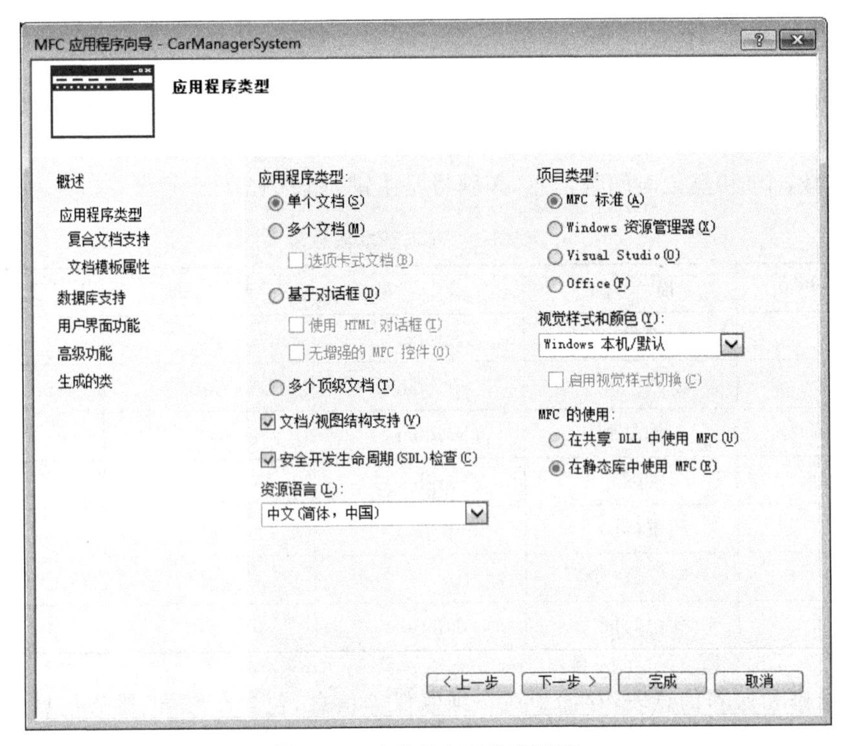

图 13-6　选择单文档类型界面

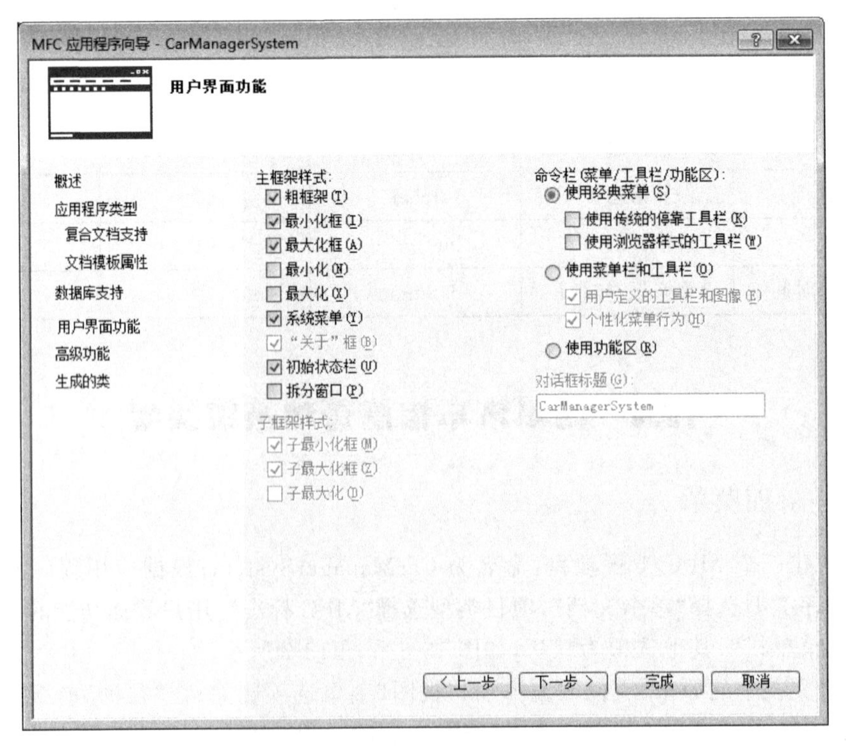

图 13-7　命令栏中选择经典菜单界面

表 13-3 菜单选项设置

菜 单 选 项	子菜单选项	ID
汽车基本信息	添加汽车基本信息	ID_CARADD
	修改汽车基本信息	ID_CARUPDATE
	查询汽车基本信息	ID_CARQUERY
	删除汽车基本信息	ID_CARDELETE
汽车维修和保养信息	添加汽车维修和保养信息	ID_CARMTADD
	修改汽车维修和保养信息	ID_CARMTUPDATE
	查询汽车维修和保养信息	ID_CARMTQUERY
	删除汽车维修和保养信息	ID_CARMTDELETE

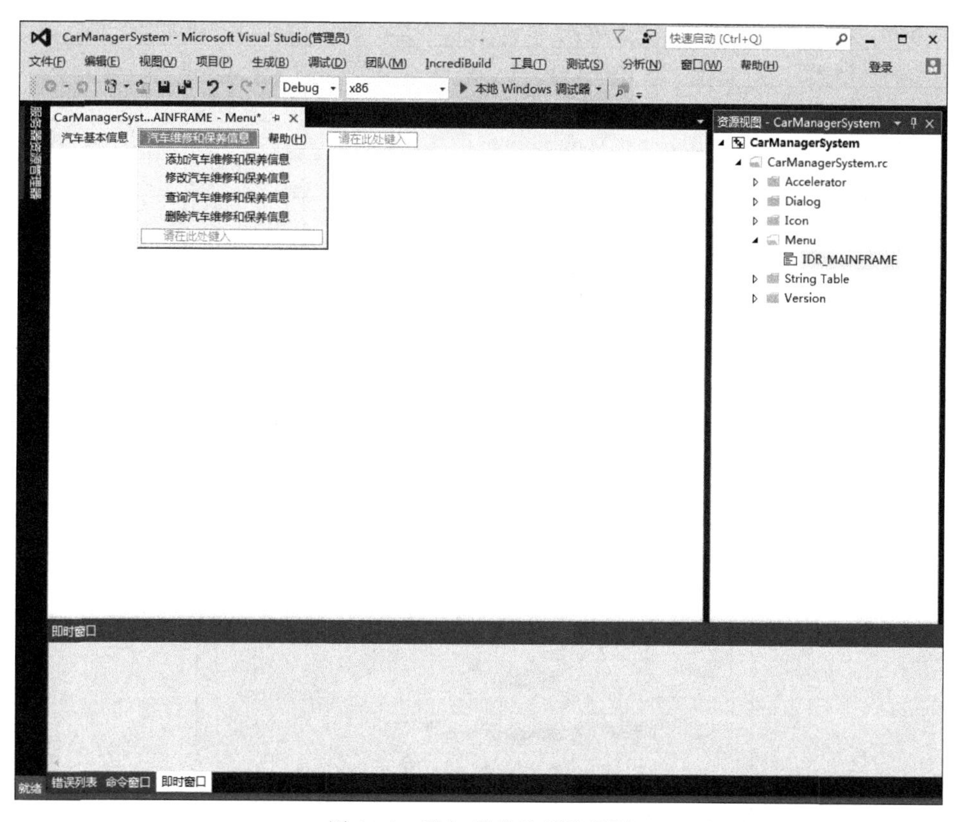

图 13-8 添加菜单选项效果图

(3) 选择“解决方案面板”，打开 stdaft.h 头文件，添加以下代码，导入 ADO 动态链接库。

```
#import "C:/Program Files/Common Files/System/ado/msado15.dll" no_namespace \
rename("EOF","adoEOF")
```

13.3.2　汽车基本信息管理

1. 添加汽车基本信息

(1) 添加对话框资源,作为“添加汽车基本信息”的对话框,去掉“取消”按钮,并添加控件,并设置属性,如表 13-4 所示。

表 13-4　“添加汽车基本信息”的对话框控件属性设置

控 件 类 型	ID	caption 属性设置
Dialog	IDD_DIALOG_CARADD	添加汽车基本信息
Static Text	默认	车牌号
Static Text	默认	车主
Static Text	默认	车辆品牌
Static Text	默认	车辆型号
Static Text	默认	车辆颜色
Static Text	默认	载重(吨)
Static Text	默认	座位数(个)
Static Text	默认	登记时间
Edit Control	IDC_EDIT_NUMBER	默认
Edit Control	IDC_EDIT_OWNER	默认
Edit Control	IDC_EDIT_BRAND	默认
Edit Control	IDC_EDIT_TYPE	默认
Edit Control	IDC_EDIT_COLOR	默认
Edit Control	IDC_EDIT_LOAD	默认
Edit Control	IDC_EDIT_SEAT	默认
Date Time Picker	IDC_TIME	默认

“添加汽车基本信息”的对话框效果如图 13-9 所示。

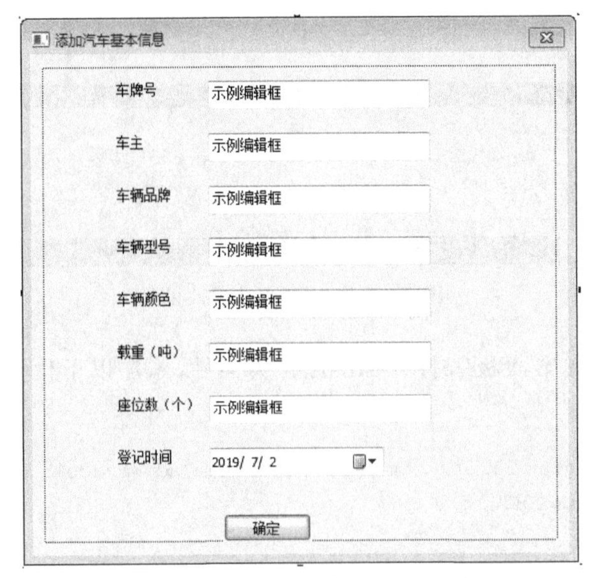

图 13-9　“添加汽车基本信息”对话框效果图

（2）给对话框添加类，选择对话框，右键选择“添加类”，输入类名 CCarAdd，其他选项默认。分别为 7 个文本编辑框和时间控件添加成员变量，如表 13-5 所示。

表 13-5 控件添加变量信息

控件 ID	变 量 名	数 据 类 型
IDC_EDIT_NUMBER	car_number	CString
IDC_EDIT_OWNER	car_owner	CString
IDC_EDIT_BRAND	car_brand	CString
IDC_EDIT_TYPE	car_type	CString
IDC_EDIT_COLOR	car_color	CString
IDC_EDIT_LOAD	car_load	int
IDC_EDIT_SEAT	car_seat	int
IDC_TIME	input_timer	CDateTimeCtrl

（3）为“确定”按钮添加消息处理函数。

在 CarAdd.h 中实例化连接对象。

```
public:
    CString car_number;
    CString car_owner;
    CString car_brand;
    CString car_type;
    CString car_color;
    int car_load;
    int car_seat;
    CDateTimeCtrl input_time;
    _ConnectionPtr m_pConnection;                    //实例化连接对象
```

（4）双击“确定”按钮，添加消息处理函数，将数据添加到数据库中的“汽车基本信息表”中。

```
void CCarAdd::OnBnClickedOk(){
    //TODO: 在此添加控件通知处理程序代码
    UpdateData(TRUE);
    m_pConnection.CreateInstance(__uuidof(Connection));
    m_pConnection->ConnectionTimeout =20;
    m_pConnection->Open("Provider=Microsoft.Jet.OLEDB.4.0;Data Source=汽车信息
管理系统.mdb", "", "", adConnectUnspecified);
    _RecordsetPtr pRecordset1;
    pRecordset1.CreateInstance(__uuidof(Recordset));
    _RecordsetPtr pRecordset2;
    pRecordset2.CreateInstance(__uuidof(Recordset));
    CString temp;
    CString strSql;
    HRESULT hr;
    try{
```

```
        temp.Format(_T("车牌号 ='%s'"), car_number);
        strSql =_T("SELECT * FROM 汽车基本信息表 WHERE ");
        strSql +=temp;
//查询车牌号是否已经存在
        pRecordset1->Open(_variant_t(strSql), m_pConnection.GetInterfacePtr(),
adOpenDynamic, adLockOptimistic, adCmdText);
        if (pRecordset1->BOF){
            CString strDate;
            GetDlgItem(IDC_TIME)->GetWindowTextW(strDate);
            hr =pRecordset2->Open("select * from 汽车基本信息表", m_pConnection.
GetInterfacePtr(), adOpenDynamic, adLockOptimistic, adCmdText);
            if (SUCCEEDED(hr)){
                pRecordset2->AddNew();
                pRecordset2->PutCollect("车牌号", _variant_t(car_number));
                pRecordset2->PutCollect("车主", _variant_t(car_owner));
                pRecordset2->PutCollect("车辆品牌", _variant_t(car_brand));
                pRecordset2->PutCollect("车辆型号", _variant_t(car_type));
                pRecordset2->PutCollect("车辆颜色", _variant_t(car_color));
                pRecordset2->PutCollect("载重(吨)", _variant_t(car_load));
                pRecordset2->PutCollect("座位数(个)", _variant_t(car_seat));
                pRecordset2->PutCollect("登记时间", _variant_t(strDate));
                pRecordset2->Update();
                OnOK();
                AfxMessageBox(_T("添加记录成功!"));
            }
        }
        else AfxMessageBox(_T("该汽车已经登记过!"));
    }
    catch (_com_error *e){
        AfxMessageBox(e->ErrorMessage());
        return;
    }
    UpdateData(FALSE);
    CDialogEx::OnOK();
}
```

(5) 返回主菜单中,选择“添加汽车基本信息”子菜单选项,右键为其添加事件处理程序,显示 CCarAdd 对话框。程序代码如下所述。

```
void CCarManagerSystemView::OnIdCaradd(){
    //TODO: 在此添加命令处理程序代码
    CCarAdd carAdd;                           //实例化添加汽车基本信息类对话框
    carAdd.DoModal();                         //显示对话框
}
```

“添加汽车基本信息”运行效果如图 13-10 所示。

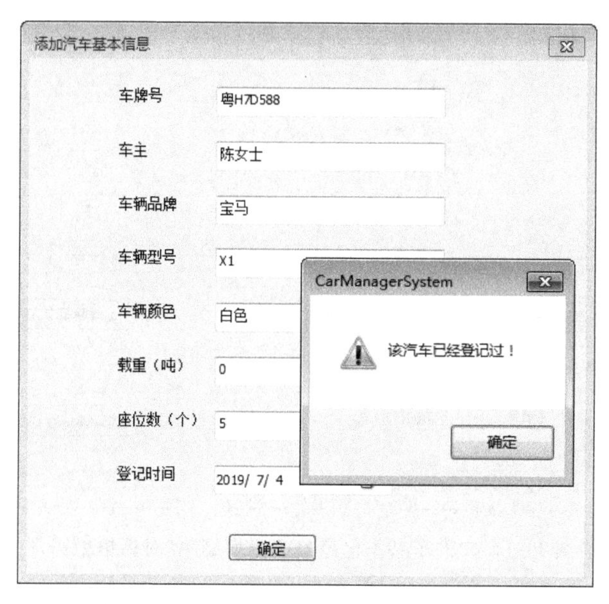

图 13-10 “添加汽车基本信息”运行效果图

2. 汽车基本信息修改查询删除对话框初始设计

(1) 添加对话框资源，作为“汽车基本信息修改查询删除”对话框，去掉“确定”和“取消”按钮，并添加控件，设置属性，如表 13-6 所示。

表 13-6 “汽车基本信息修改查询删除”对话框控件属性设置

控件类型	ID	caption 属性设置
Dialog	IDD_DIALOG_CAROPERATE	汽车基本信息修改查询删除
List Control	IDC_LIST1	将 View 属性设置为 Report
Group Box	默认	查询汽车基本信息
Static Text	默认	车牌号
Button	IDC_BUTTON_ALL	全部基本信息
Button	IDC_BUTTON_UPDATE	修改基本信息
Button	IDC_BUTTON_DELETE	删除基本信息
Button	IDC_BUTTON_QUERY	查询基本信息
Edit Control	IDC_EDIT_NUMBER	默认

“汽车基本信息修改查询删除”的对话框效果如图 13-11 所示。

(2) 给对话框添加类，选择对话框，右键选择“添加类”，输入类名 CCarOperate，其他选项默认。为控件添加成员变量，如表 13-7 所示。

表 13-7 “汽车基本信息修改查询删除”的对话框控件添加变量

控件 ID	变量名	数据类型
IDC_LIST1	car_dataInfoList	CListCtrl
IDC_EDIT_NUMBER	car_QueryNumber	CString

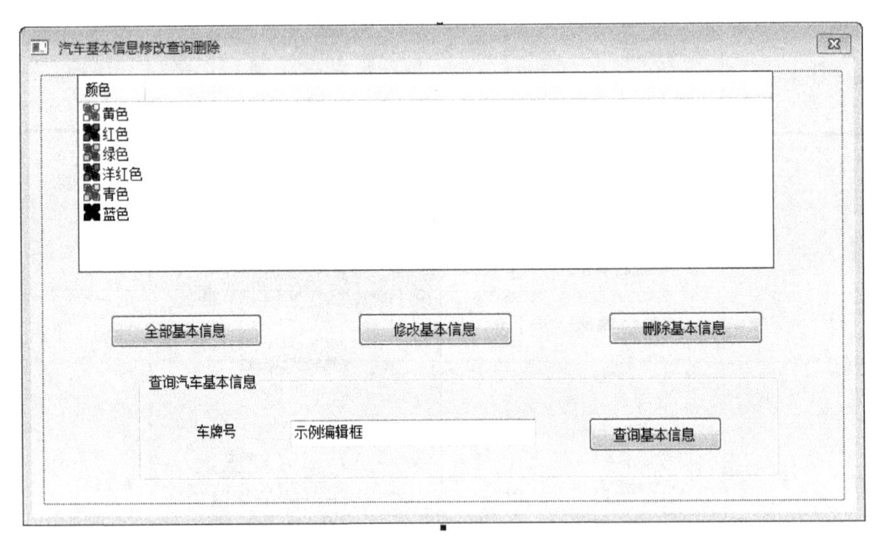

图 13-11 “汽车基本信息修改查询删除”对话框效果图

(3) 给 CCarOperate 类添加初始化函数,在类视图中选择 CCarOperate,选择属性视图,选择“重写”,找到 OnInitDialog,选中 Add OnInitDialog。在 OnInitDialog 函数中添加以下代码,初始化 List 控件。

```
BOOL CCarOperate::OnInitDialog(){
    CDialogEx::OnInitDialog();
    //TODO: 在此添加额外的初始化代码
    car_dataInfoList.InsertColumn(0, _T("序号"), 0, 40, -1);
    car_dataInfoList.InsertColumn(1, _T("车牌号"), 0, 100, -1);
    car_dataInfoList.InsertColumn(2, _T("车主"), 0, 100, -1);
    car_dataInfoList.InsertColumn(3, _T("车辆品牌"), 0, 100, -1);
    car_dataInfoList.InsertColumn(4, _T("车辆型号"), 0, 100, -1);
    car_dataInfoList.InsertColumn(5, _T("车辆颜色"), 0, 100, -1);
    car_dataInfoList.InsertColumn(6, _T("载重(吨)"), 0, 100, -1);
    car_dataInfoList.InsertColumn(7, _T("座位数(个)"), 0, 100, -1);
    car_dataInfoList.InsertColumn(8, _T("登记时间"), 0, 100, -1);
    //设置 List 的行被选中时全行选中
    car_dataInfoList.SetExtendedStyle(LVS_EX_FULLROWSELECT | LVS_EX_
GRIDLINES);
    CoInitialize(NULL);
    return TRUE;             //return TRUE unless you set the focus to a control
                             //异常: OCX 属性页应返回 FALSE
}
```

(4) 在 CarOperate.h 中实例化连接对象,并且添加 2 个成员变量,用来定义字符串存储 SQL 语句和定义字符串存储_variant_t 变量中的字符串。

```
public:
    CListCtrl car_dataInfoList;
    CString car_QueryNumber;
```

```
    //定义字符串存储 SQL 语句
    CString strSql;
    //定义字符串存储_variant_t 变量中的字符串
    CString temp;
    //实例化连接对象
    _ConnectionPtr m_pConnection;
```

(5) 为 CCarOperate 类添加一个成员函数 showListInformation()，用来查询“汽车基本信息表”中的数据，显示到 IDC_LIST1 控件中。

```
void CCarOperate::showListInformation(){
    UpdateData(TRUE);
    m_pConnection.CreateInstance(__uuidof(Connection));
    m_pConnection->ConnectionTimeout =20;
    m_pConnection->Open("Provider=Microsoft.Jet.OLEDB.4.0;Data Source=汽车信息
管理系统.mdb", "", "", adConnectUnspecified);
    HRESULT hr;
    //定义记录集指针
    _RecordsetPtr pRentRecordset;
    //实例化记录集指针
    hr =pRentRecordset.CreateInstance(__uuidof(Recordset));
    //判断创建记录集指针实例是否成功
    if (FAILED(hr)){
        AfxMessageBox(_T("记录集实例化失败,不能初始化 List 控件!"));
        return;
    }
    //定义_variant 变量存储从数据库读取的字段
    _variant_t var;
    //定义字符串存储_variant_t 变量中的字符串
    CString strValue;
    //List 控件中记录的序号
    int curItem =0;
    try{
        //利用 Open 函数执行 SQL 命令,获得查询结果记录集
        //需要把 CString 类型转换为_variant_t 类型
        hr =pRentRecordset->Open(_variant_t(strSql), m_pConnection.
GetInterfacePtr(), adOpenDynamic, adLockOptimistic, adCmdText);
        if (SUCCEEDED(hr)){
            //List 清空
            car_dataInfoList.DeleteAllItems();
            //判断记录集是否到末尾,对每条记录,把字段值插入 List 控件的每一行
            while (!pRentRecordset->adoEOF){
                //获取记录集中当前记录的第一个字段的值
                var =pRentRecordset->GetCollect(_T("ID"));
                if (var.vt !=VT_NULL)
                    strValue =(LPCSTR)_bstr_t(var);
                //插入该字符串值到 List 中
```

```
            car_dataInfoList.InsertItem(curItem, strValue);
            //获得记录集当前记录的"车牌号"字段的值
            var =pRentRecordset->GetCollect(_T("车牌号"));
            if (var.vt !=VT_NULL)
                strValue =(LPCSTR)_bstr_t(var);
            //插入该字符串值到 List 中
            car_dataInfoList.SetItemText(curItem, 1, strValue);
            var =pRentRecordset->GetCollect(_T("车主"));
            if (var.vt !=VT_NULL)
                strValue =(LPCSTR)_bstr_t(var);
            car_dataInfoList.SetItemText(curItem, 2, strValue);
            var =pRentRecordset->GetCollect(_T("车辆品牌"));
            if (var.vt !=VT_NULL)
                strValue =(LPCSTR)_bstr_t(var);
            car_dataInfoList.SetItemText(curItem, 3, strValue);
            var =pRentRecordset->GetCollect(_T("车辆型号"));
            if (var.vt !=VT_NULL)
                strValue =(LPCSTR)_bstr_t(var);
            car_dataInfoList.SetItemText(curItem, 4, strValue);
            var =pRentRecordset->GetCollect(_T("车辆颜色"));
            if (var.vt !=VT_NULL)
                strValue =(LPCSTR)_bstr_t(var);
            car_dataInfoList.SetItemText(curItem, 5, strValue);
            var =pRentRecordset->GetCollect(_T("载重(吨)"));
            if (var.vt !=VT_NULL)
                strValue =(LPCSTR)_bstr_t(var);
            car_dataInfoList.SetItemText(curItem, 6, strValue);
            var =pRentRecordset->GetCollect(_T("座位数(个)"));
            if (var.vt !=VT_NULL)
                strValue =(LPCSTR)_bstr_t(var);
            car_dataInfoList.SetItemText(curItem, 7, strValue);
            var =pRentRecordset->GetCollect(_T("登记时间"));
            if (var.vt !=VT_NULL)
                strValue =(LPCSTR)_bstr_t(var);
            car_dataInfoList.SetItemText(curItem, 8, strValue);
            //移动当前记录到下一条记录
            pRentRecordset->MoveNext();
            curItem++;
        }
    }
    else{
        AfxMessageBox(_T("打开记录集失败"));
    }
}
catch (_com_error *e){
    AfxMessageBox(e->ErrorMessage());
    return;
```

```
    }
    pRentRecordset->Close();
    pRentRecordset =NULL;
}
```

3. 查询全部汽车基本信息

双击“全部基本信息”按钮，添加消息处理函数，要求初始化 SQL 语句字符串，调用 showListInformation()函数，查询获得汽车基本信息表中的数据。

```
void CCarOperate::OnBnClickedButtonAll(){
    //TODO: 在此添加控件通知处理程序代码
    //初始化 SQL 语句字符串，获得汽车基本信息表中的数据
    strSql =_T("SELECT * FROM 汽车基本信息表  ");
    showListInformation();
}
```

查询全部汽车基本信息运行结果如图 13-12 所示。

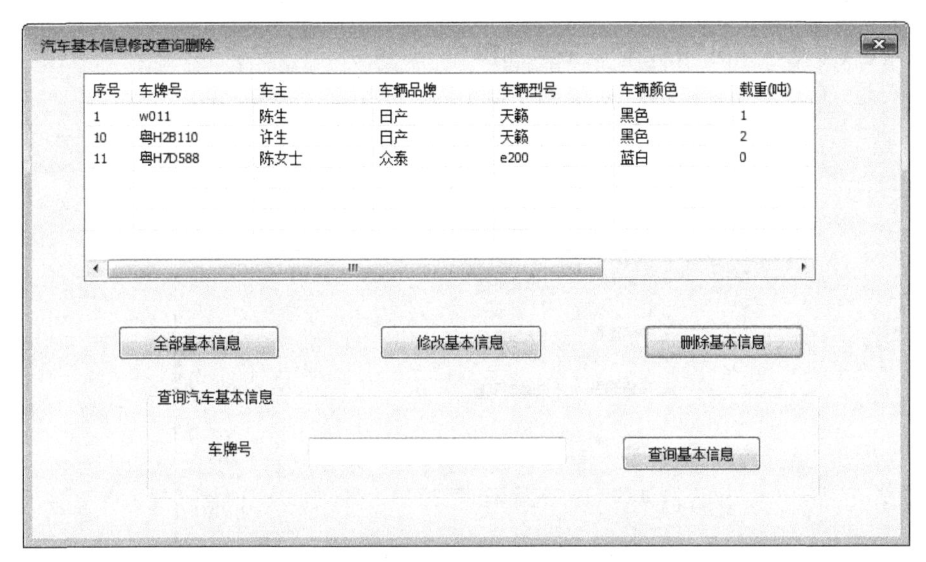

图 13-12 查询全部汽车基本信息运行结果图

4. 修改汽车基本信息

(1) 添加对话框资源，作为“修改汽车基本信息”的对话框，去掉“取消”按钮，并添加控件，设置属性，如表 13-8 所示。

表 13-8 “修改汽车基本信息”的对话框控件的属性设置

控件类型	ID	caption 属性设置
Dialog	IDD_DIALOG_CARUPDATE	修改汽车基本信息
Static Text	默认	车牌号
Static Text	默认	车主
Static Text	默认	车辆品牌
Static Text	默认	车辆型号

续表

控件类型	ID	caption 属性设置
Static Text	默认	车辆颜色
Static Text	默认	载重(吨)
Static Text	默认	座位数(个)
Static Text	默认	登记时间
Edit Control	IDC_EDIT_NUMBER	默认
Edit Control	IDC_EDIT_OWNER	默认
Edit Control	IDC_EDIT_BRAND	默认
Edit Control	IDC_EDIT_TYPE	默认
Edit Control	IDC_EDIT_COLOR	默认
Edit Control	IDC_EDIT_LOAD	默认
Edit Control	IDC_EDIT_SEAT	默认
Date Time Picker	IDC_TIME	默认

“修改汽车基本信息”的对话框效果如图 13-13 所示。

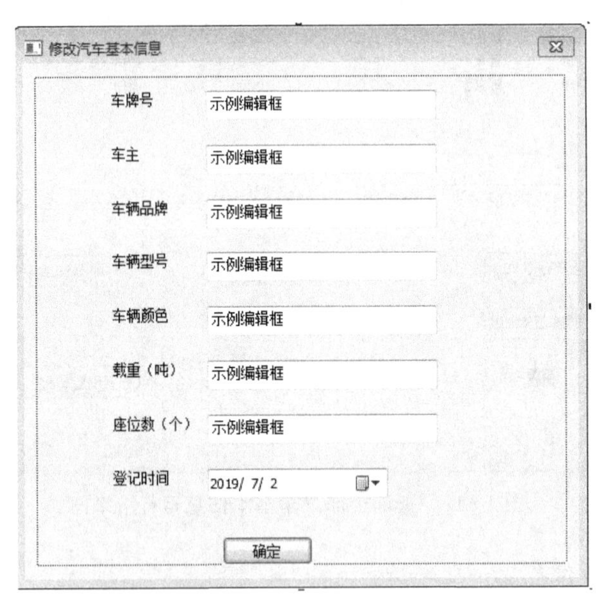

图 13-13 “修改汽车基本信息”对话框效果图

(2) 给对话框添加类，选择对话框，右击选择“添加类”，输入类名 CCarUpdate，其他选项默认。分别为 7 个文本编辑框和时间控件添加成员变量，如表 13-9 所示。

表 13-9 “修改汽车基本信息”的对话框控件添加成员变量

控件 ID	变量名	数据类型
IDC_EDIT_NUMBER	car_number	CString
IDC_EDIT_OWNER	car_owner	CString
IDC_EDIT_BRAND	car_brand	CString

续表

控件 ID	变 量 名	数 据 类 型
IDC_EDIT_TYPE	car_type	CString
IDC_EDIT_COLOR	car_color	CString
IDC_EDIT_LOAD	car_load	int
IDC_EDIT_SEAT	car_seat	int
IDC_TIME	input_timer	CDateTimeCtrl

（3）在 CarUpdate.h 中实例化连接对象。

```
public:
    CString car_number;
    CString car_owner;
    CString car_brand;
    CString car_type;
    CString car_color;
    int car_load;
    int car_seat;
    CDateTimeCtrl input_time;
    _ConnectionPtr m_pConnection;                //实例化连接对象
```

（4）双击"确定"按钮，添加消息处理函数，将修改后数据添加到数据库中的"汽车基本信息表"中。

```
void CCarUpdate::OnBnClickedOk(){
    //TODO: 在此添加控件通知处理程序代码
    UpdateData(TRUE);
    m_pConnection.CreateInstance(__uuidof(Connection));
    m_pConnection->ConnectionTimeout =20;
    m_pConnection->Open("Provider=Microsoft.Jet.OLEDB.4.0;Data Source=汽车信息
管理系统.mdb", "", "", adConnectUnspecified);
    _RecordsetPtr pRecordset;
    pRecordset.CreateInstance(__uuidof(Recordset));
    HRESULT hr;
    //定义记录集指针
    //定义字符串存储 SQL 语句
    CString strSql;
    //定义_variant 变量存储从数据库读取的字段
    _variant_t var;
    //定义字符串存储_variant_t 变量中的字符串
    CString strValue;
    CString temp;
    //List 控件中记录的序号
    int curItem =0;
    //初始化 SQL 语句字符串，获得配送数据库表中的
    temp.Format(_T("车牌号 ='%s'"), car_number);
    strSql =_T("SELECT * FROM 汽车基本信息表 WHERE ");
```

```
        strSql +=temp;
        try{
            //利用 Open 函数执行 SQL 命令,获得查询结果记录集
            //需要把 CString 类型转换为_variant_t 类型
            hr =pRecordset->Open(_variant_t(strSql), m_pConnection.
    GetInterfacePtr(), adOpenDynamic, adLockOptimistic, adCmdText);
            CString strDate;
            GetDlgItem(IDC_TIME)->GetWindowTextW(strDate);
            if (SUCCEEDED(hr)){
                pRecordset->PutCollect("车牌号", _variant_t(car_number));
                pRecordset->PutCollect("车主", _variant_t(car_owner));
                pRecordset->PutCollect("车辆品牌", _variant_t(car_brand));
                pRecordset->PutCollect("车辆型号", _variant_t(car_type));
                pRecordset->PutCollect("车辆颜色", _variant_t(car_color));
                pRecordset->PutCollect("载重(吨)", _variant_t(car_load));
                pRecordset->PutCollect("座位数(个)", _variant_t(car_seat));
                pRecordset->PutCollect("登记时间", _variant_t(strDate));
                pRecordset->Update();
                OnOK();
                AfxMessageBox(_T("修改记录成功!"));
            }
        }
        catch (_com_error *e){
            AfxMessageBox(e->ErrorMessage());
            return;
        }
    }
```

(5) 返回“汽车基本信息修改查询删除”对话框,双击“修改基本信息”按钮,添加消息处理函数,要求选中一行 List 控件中的记录,将数据传到“修改汽车基本信息”对话框,单击“确定”按钮修改数据后,List 控件中的数据要更新。

```
    void CCarOperate::OnBnClickedButtonUpdate(){
        //TODO: 在此添加控件通知处理程序代码
        CCarUpdate CarUpdate;
        int nId;
        //首先得到单击的位置
        POSITION pos =car_dataInfoList.GetFirstSelectedItemPosition();
        if (pos ==NULL){
            AfxMessageBox(_T("请至少选择一项进行修改"));
            return;
        }
        //得到行号,通过 POSITION 转化
        nId =(int)car_dataInfoList.GetNextSelectedItem(pos);
        //得到列中的内容(0 表示第一列,同理 1、2、3…表示第二、三、四……列)
        CarUpdate.car_number =car_dataInfoList.GetItemText(nId, 1);
        CarUpdate.car_owner =car_dataInfoList.GetItemText(nId, 2);
```

```
        CarUpdate.car_brand =car_dataInfoList.GetItemText(nId, 3);
        CarUpdate.car_type =car_dataInfoList.GetItemText(nId, 4);
        CarUpdate.car_color =car_dataInfoList.GetItemText(nId, 5);
        CarUpdate.car_seat =_ttoi(car_dataInfoList.GetItemText(nId, 7));
        UpdateData(false);
        CarUpdate.DoModal();
        strSql =_T("SELECT * FROM 汽车基本信息表");
        showListInformation();
    }
```

(6) 返回主菜单中，因为查询、修改、删除汽车基本信息操作都在 CCarOperate 对话框中完成，所以选择“修改汽车基本信息”“查询汽车基本信息”“删除汽车基本信息”子菜单选项，右键为其添加事件处理程序时，显示 CCarOperate 对话框。程序代码如下：

```
void CCarManagerSystemView::OnIdCarupdate(){
    //TODO: 在此添加命令处理程序代码
    CCarOperate carOperate;                    //实例化修改汽车基本信息类对话框
    carOperate.DoModal();                      //显示对话框
}
void CCarManagerSystemView::OnCarquery(){
    //TODO: 在此添加命令处理程序代码
    CCarOperate carOperate;                    //实例化修改汽车基本信息类对话框
    carOperate.DoModal();                      //显示对话框
}
void CCarManagerSystemView::OnCardelete(){
    //TODO: 在此添加命令处理程序代码
    CCarOperate carOperate;                    //实例化修改汽车基本信息类对话框
    carOperate.DoModal();                      //显示对话框
}
```

“修改汽车基本信息”运行结果如图 13-14 所示。

图 13-14 “修改汽车基本信息”运行结果图

5. 删除汽车基本信息

在资源视图中，打开 CCarOperate 对话框，双击“删除基本信息”按钮，添加消息处理函数，添加以下代码，实现选中某一条记录将其删除。

```
void CCarOperate::OnBnClickedButtonDelete(){
    //TODO: 在此添加控件通知处理程序代码
    //删除选中的记录
    int sel =car_dataInfoList.GetSelectionMark();
    if (sel >=0 && AfxMessageBox(_T("是否删除？"), MB_YESNO) ==IDYES){
        //根据用户在 List 控件中的选择获得序号
        CString dataid =car_dataInfoList.GetItemText(sel, 0);
        HRESULT hr;
        _bstr_t vSQL;
        //删除记录的 SQL 语句
        vSQL +=(_bstr_t)"delete from 汽车基本信息表 where ID =";
        vSQL +=(_bstr_t)dataid;
        _variant_t RecordsAffected;
        try{
            //执行删除 SQL 语句
            hr =m_pConnection->Execute(_bstr_t(vSQL), &RecordsAffected, adCmdText);
            MessageBox(_T("删除记录成功!"));
        }
        catch (_com_error * e){
            AfxMessageBox(e->ErrorMessage());
            return;
        }
        //List 控件中也删除该条记录
        car_dataInfoList.DeleteItem(sel);
    }
    else if (sel<0)
        MessageBox(_T("列表中无选中记录!"));
}
```

“删除汽车基本信息”运行结果如图 13-15 所示。

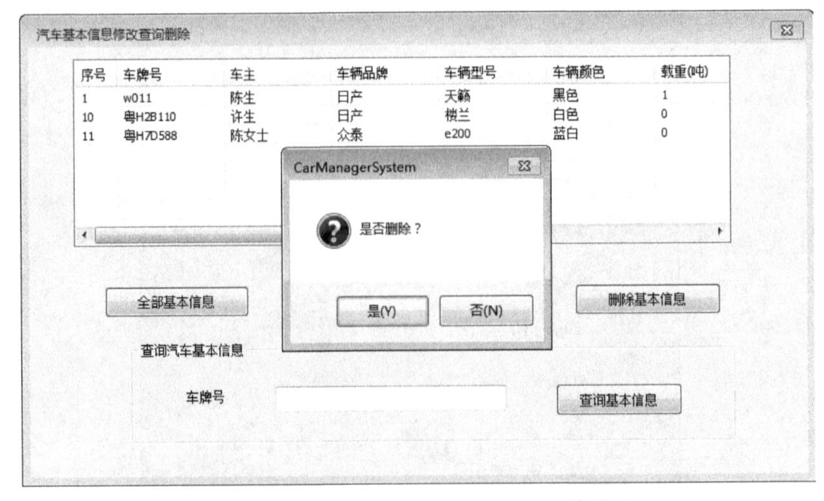

图 13-15 “删除汽车基本信息”运行结果图

6. 根据车牌号查询汽车基本信息

双击“查询基本信息”按钮，添加消息处理函数，在函数中添加以下代码，实现根据输入的车牌号查询汽车基本信息。

```
void CCarOperate::OnBnClickedButtonQuery(){
    //TODO: 在此添加控件通知处理程序代码
    UpdateData(TRUE);
    temp.Format(_T("车牌号 ='%s'"), car_QueryNumber);
    strSql = _T("SELECT * FROM 汽车基本信息表 WHERE ");
    strSql +=temp;
    showListInformation();
}
```

根据车牌号查询汽车基本信息，运行结果如图 13-16 所示。

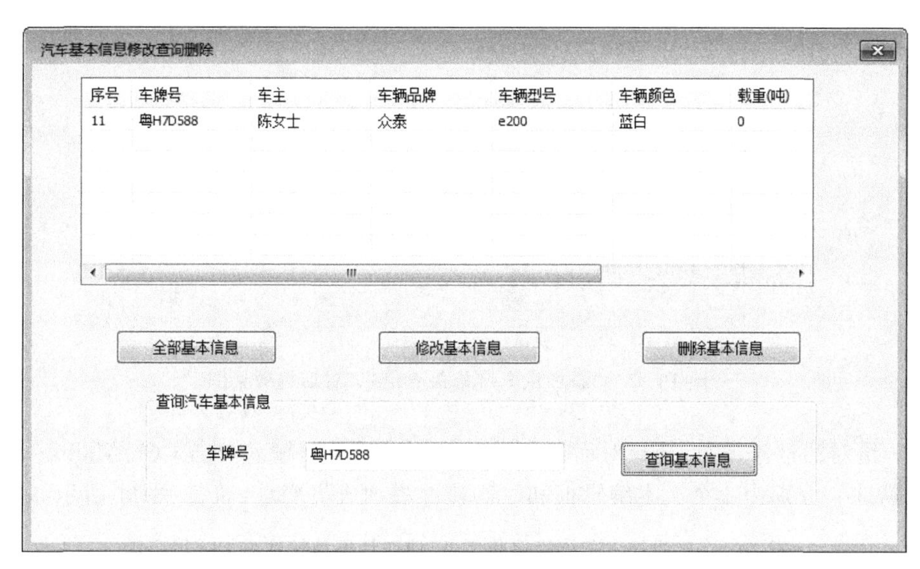

图 13-16　根据车牌号查询汽车基本信息运行结果图

13.3.3　汽车维修保养信息管理

1. 添加汽车维修和保养信息

(1) 添加对话框资源，作为“添加汽车维修保养信息”的对话框，去掉“取消”按钮，并添加控件，设置属性，如表 13-10 所示。

表 13-10　“添加汽车维修保养信息”的对话框控件属性设置

控件类型	ID	caption 属性设置
Dialog	IDD_DIALOG_CARMTADD	添加汽车维修保养信息
Static Text	默认	车牌号
Static Text	默认	维修
Static Text	默认	保养
Static Text	默认	价格(元)

续表

控 件 类 型	ID	caption 属性设置
Static Text	默认	时间
Edit Control	IDC_EDIT_NUMBER	默认
Edit Control	IDC_EDIT_REPAIR	默认
Edit Control	IDC_EDIT_MAINTAIN	默认
Edit Control	IDC_EDIT_PRICE	默认
Date Time Picker	IDC_TIME	默认

“添加汽车维修保养信息”的对话框效果如图 13-17 所示。

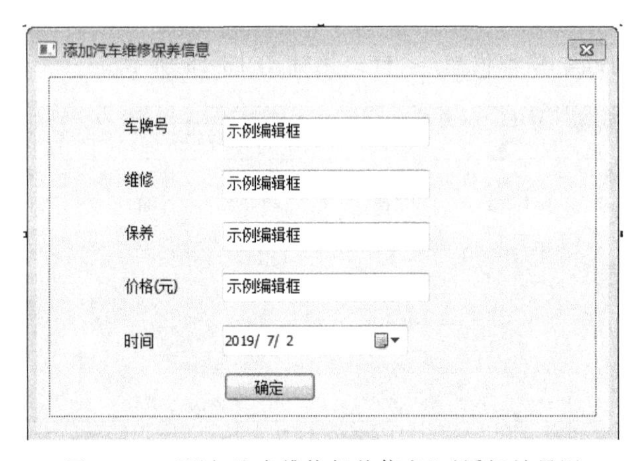

图 13-17　“添加汽车维修保养信息”对话框效果图

(2) 给对话框添加类，选择对话框，右键选择“添加类”，输入类名 CCarMaintainAdd，其他选项默认。分别为 4 个文本编辑框和时间控件添加成员变量，如表 13-11 所示。

表 13-11　“添加汽车维修保养信息”的对话框为控件添加成员变量

控件 ID	变　量　名	数 据 类 型
IDC_EDIT_NUMBER	car_number	CString
IDC_EDIT_REPAIR	car_repair	CString
IDC_EDIT_MAINTAIN	car_maintain	CString
IDC_EDIT_PRICE	car_price	int
IDC_TIME	Maintain_time	CDateTimeCtrl

(3) 在 CarMaintainAdd.h 中实例化连接对象。

```
public:
    …
    _ConnectionPtr m_pConnection;                    //实例化连接对象
```

(4) 双击“确定”按钮，添加消息处理函数，将数据添加到数据库中的“汽车维修和保养信息表”中。

```
void CCarMaintainAdd::OnBnClickedOk(){
    //TODO: 在此添加控件通知处理程序代码
    UpdateData(TRUE);
    m_pConnection.CreateInstance(__uuidof(Connection));
    m_pConnection->ConnectionTimeout =20;
    m_pConnection->Open("Provider=Microsoft.Jet.OLEDB.4.0;Data Source=汽车信息
管理系统.mdb", "", "", adConnectUnspecified);
    _RecordsetPtr pRecordset;
    pRecordset.CreateInstance(__uuidof(Recordset));
    _RecordsetPtr pRecordset1;
    pRecordset1.CreateInstance(__uuidof(Recordset));
    CString temp;
    CString strSql;
    HRESULT hr;
    try{
        temp.Format(_T("车牌号 ='%s'"), car_number);
        strSql = _T("SELECT * FROM 汽车维修保养信息表 WHERE ");
        strSql +=temp;
        //查询车牌号是否已经存在
        pRecordset1->Open(_variant_t(strSql), m_pConnection.GetInterfacePtr(),
adOpenDynamic, adLockOptimistic, adCmdText);
        if (!pRecordset1->BOF){                    //如果车牌号存在则添加维修和保养信息
            CString strDate;
            GetDlgItem(IDC_TIME)->GetWindowTextW(strDate);
            hr =pRecordset->Open("select * from 汽车维修和保养信息表",
m_pConnection.GetInterfacePtr(), adOpenDynamic, adLockOptimistic, adCmdText);
            if (SUCCEEDED(hr)){
                pRecordset->AddNew();
                pRecordset->PutCollect("车牌号", _variant_t(car_number));
                pRecordset->PutCollect("维修", _variant_t(car_repair));
                pRecordset->PutCollect("保养", _variant_t(car_maintain));
                pRecordset->PutCollect("价格(元)", _variant_t(car_price));
                pRecordset->PutCollect("时间", _variant_t(strDate));
                pRecordset->Update();
                OnOK();
                AfxMessageBox(_T("添加记录成功!"));
            }
        }
        else AfxMessageBox(_T("该汽车没有登记过,请先登记汽车维修和保养信息!"));
    }
    catch (_com_error *e){
        AfxMessageBox(e->ErrorMessage());
        return;
    }
    UpdateData(FALSE);
    CDialogEx::OnOK();
}
```

(5) 返回主菜单中，选择“添加汽车维修保养信息”子菜单选项，右键为其添加事件处理程序，显示 CCarMaintainAdd 对话框。

```
void CCarManagerSystemView::OnCarmtadd(){
    //TODO: 在此添加命令处理程序代码
    CCarMaintainAdd carMaintainAdd;          //实例化添加汽车维修保养信息类对话框
    carMaintainAdd.DoModal();                //显示对话框
}
```

“添加汽车维修保养信息”运行结果如图 13-18 所示。

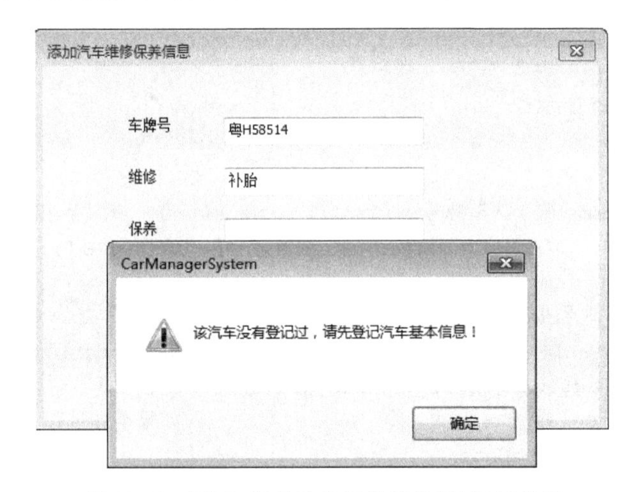

图 13-18 “添加汽车维修保养信息”运行结果图

2. 汽车维修保养信息修改查询删除对话框初始设计

(1) 添加对话框资源，作为“汽车维修保养信息修改查询删除”对话框，去掉“确定”和“取消”按钮，添加控件，并设置属性，如表 13-12 所示。

表 13-12 “汽车维修保养信息修改查询删除”对话框控件属性设置

控件类型	ID	caption 属性设置
Dialog	IDD_DIALOG_CARMTOPERATE	汽车维修保养信息修改查询删除
List Control	IDC_LIST1	将 View 属性设置为 Report
Group Box	默认	查询汽车维修保养信息
Static Text	默认	车牌号
Button	IDC_BUTTON_MTALL	全部维修保养信息
Button	IDC_BUTTON_MTUPDATE	修改维修保养信息
Button	IDC_BUTTON_MTDELETE	删除维修保养信息
Button	IDC_BUTTON_MTQUERY	查询维修保养信息
Edit Control	IDC_EDIT_MTNUMBER	默认

“汽车维修保养信息修改查询删除”对话框效果如图 13-19 所示。

(2) 给对话框添加类，选择对话框，右键选择“添加类”，输入类名 CCarMTOperate，其他选项默认。为控件添加成员变量，如表 13-13 所示。

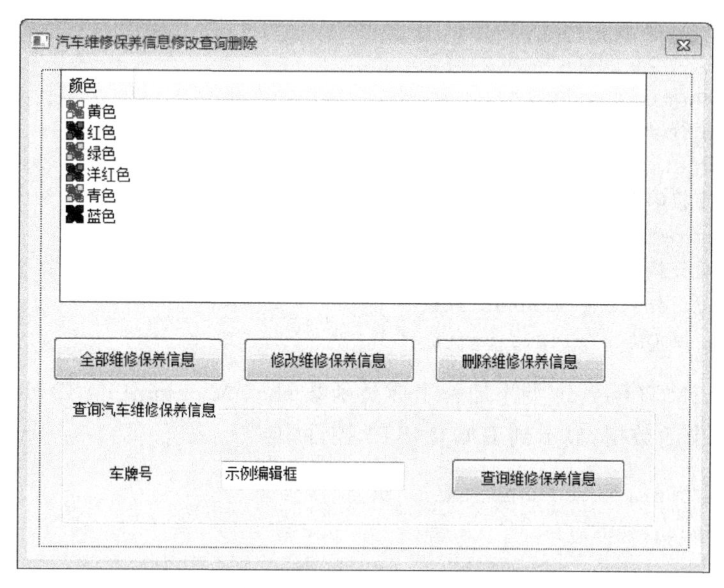

图 13-19 “汽车维修保养信息修改查询删除”对话框效果图

表 13-13 “汽车维修保养信息修改查询删除”对话框控件添加成员变量

控件 ID	变 量 名	数 据 类 型
IDC_LIST1	car_dataMaintain	CListCtrl
IDC_EDIT_NUMBER	car_QueryNumber	CString

(3) 给 CCarMTOperate 类添加初始化函数，在类视图中选择 CCarMTOperate，选择属性视图，选择“重写”，找到 OnInitDialog，选中 Add OnInitDialog。在 OnInitDialog 函数中添加以下代码，初始化 List 控件。

```
BOOL CCarMTOperate::OnInitDialog(){
    CDialogEx::OnInitDialog();
    //TODO: 在此添加额外的初始化
    car_dataMaintain.InsertColumn(0, _T("序号"), 0, 40, -1);
    car_dataMaintain.InsertColumn(1, _T("车牌号"), 0, 100, -1);
    car_dataMaintain.InsertColumn(2, _T("维修"), 0, 100, -1);
    car_dataMaintain.InsertColumn(3, _T("保养"), 0, 100, -1);
    car_dataMaintain.InsertColumn(4, _T("价格(元)"), 0, 100, -1);
    car_dataMaintain.InsertColumn(5, _T("时间"), 0, 100, -1);
    //设置 List 的行被选中时全行选中
    car_dataMaintain.SetExtendedStyle(LVS_EX_FULLROWSELECT | LVS_EX_GRIDLINES);
    CoInitialize(NULL);
    return TRUE;                //return TRUE unless you set the focus to a control
                                //异常: OCX 属性页应返回 FALSE
}
```

(4) 在 CarMTOperate.h 中实例化连接对象，并且添加 2 个成员变量用来定义字符串存储 SQL 语句和定义字符串存储_variant_t 变量中的字符串。

```
public:
    CListCtrl car_dataMaintain;
    CString car_QueryNumber;
    //定义字符串存储 SQL 语句
    CString strSql;
    //定义字符串存储_variant_t 变量中的字符串
    CString temp;
    //实例化连接对象
    _ConnectionPtr m_pConnection;
    virtual BOOL OnInitDialog();
```

(5) 为 CCarMTOperate 类添加一个成员函数 showMaintainList (),用来查询“汽车维修保养信息表”中的数据,显示到 IDC_LIST1 控件中。

```
void CCarMTOperate::showMaintainList(){
    UpdateData(TRUE);
    m_pConnection.CreateInstance(__uuidof(Connection));
    m_pConnection->ConnectionTimeout =20;
    m_pConnection->Open("Provider=Microsoft.Jet.OLEDB.4.0;Data Source=汽车信息
管理系统.mdb", "", "", adConnectUnspecified);
    HRESULT hr;
    //定义记录集指针
    _RecordsetPtr pRentRecordset;
    //实例化记录集指针
    hr =pRentRecordset.CreateInstance(__uuidof(Recordset));
    //判断创建记录集指针实例是否成功
    if (FAILED(hr)){
        AfxMessageBox(_T("记录集实例化失败,不能初始化 List 控件!"));
        return;
    }
    //定义_variant 变量存储从数据库读取的字段
    _variant_t var;
    //定义字符串存储_variant_t 变量中的字符串
    CString strValue;
    //List 控件中记录的序号
    int curItem =0;
    try{
        //利用 Open 函数执行 SQL 命令,获得查询结果记录集
        //需要把 CString 类型转换为_variant_t 类型
        hr =pRentRecordset->Open(_variant_t(strSql), m_pConnection.
GetInterfacePtr(), adOpenDynamic, adLockOptimistic, adCmdText);
        if (SUCCEEDED(hr)){
            //List 清空
            car_dataMaintain.DeleteAllItems();
            //判断记录集是否到末尾,对每条记录,把字段值插入 List 控件的每一行
            while (!pRentRecordset->adoEOF){
                //获取记录集中当前记录的第一个字段的值
```

```
                var =pRentRecordset->GetCollect(_T("ID"));
                if (var.vt !=VT_NULL)
                    strValue =(LPCSTR)_bstr_t(var);
                //插入该字符串值到 List 中
                car_dataMaintain.InsertItem(curItem, strValue);
                //获得记录集当前记录的"车牌号"字段的值
                var =pRentRecordset->GetCollect(_T("车牌号"));
                if (var.vt !=VT_NULL)
                    strValue =(LPCSTR)_bstr_t(var);
                //插入该字符串值到 List 中
                car_dataMaintain.SetItemText(curItem, 1, strValue);
                var =pRentRecordset->GetCollect(_T("维修"));
                if (var.vt !=VT_NULL)
                    strValue =(LPCSTR)_bstr_t(var);
                car_dataMaintain.SetItemText(curItem, 2, strValue);
                var =pRentRecordset->GetCollect(_T("保养"));
                if (var.vt !=VT_NULL)
                    strValue =(LPCSTR)_bstr_t(var);
                car_dataMaintain.SetItemText(curItem, 3, strValue);
                var =pRentRecordset->GetCollect(_T("价格(元)"));
                if (var.vt !=VT_NULL)
                    strValue =(LPCSTR)_bstr_t(var);
                car_dataMaintain.SetItemText(curItem, 4, strValue);
                var =pRentRecordset->GetCollect(_T("时间"));
                if (var.vt !=VT_NULL)
                    strValue =(LPCSTR)_bstr_t(var);
                car_dataMaintain.SetItemText(curItem, 5, strValue);
                //移动当前记录到下一条记录
                pRentRecordset->MoveNext();
                curItem++;
            }
        }
        else{
            AfxMessageBox(_T("打开记录集失败"));
        }
    }
    catch (_com_error *e){
        AfxMessageBox(e->ErrorMessage());
        return;
    }
    pRentRecordset->Close();
    pRentRecordset =NULL;
}
```

3. 查询全部汽车维修保养信息

双击"全部维修保养信息"按钮，添加消息处理函数，要求初始化 SQL 语句字符串，调用 showMaintainList()函数，查询获得汽车维修保养信息表中的数据。

```
void CCarOperate::OnBnClickedButtonAll(){
    //TODO: 在此添加控件通知处理程序代码
    //初始化 SQL 语句字符串,获得汽车维修保养信息表中的数据
    strSql = _T("SELECT * FROM 汽车维修保养信息表");
    showListInformation();
}
```

全部维修保养信息运行结果如图 13-20 所示。

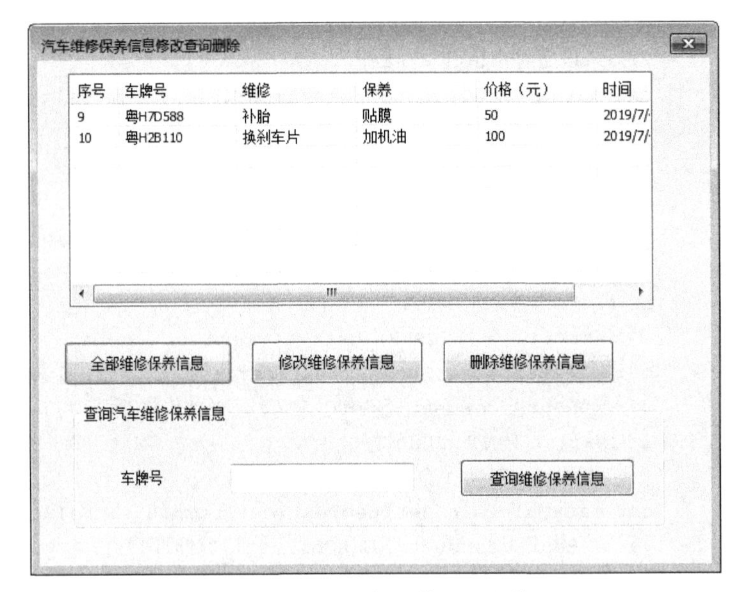

图 13-20　全部维修保养信息运行结果图

4. 修改汽车维修保养信息

(1) 添加对话框资源,作为"修改汽车维修保养信息"的对话框,去掉"取消"按钮,并添加控件,设置属性,如表 13-14 所示。

表 13-14　"修改汽车维修保养信息"的对话框控件属性设置

控件类型	ID	caption 属性设置
Dialog	IDD_DIALOG_CARMTUPDATE	修改汽车维修保养信息
Static Text	默认	车牌号
Static Text	默认	维修
Static Text	默认	保养
Static Text	默认	价格(元)
Static Text	默认	时间
Edit Control	IDC_EDIT_NUMBER	默认
Edit Control	IDC_EDIT_REPAIR	默认
Edit Control	IDC_EDIT_MAINTAIN	默认
Edit Control	IDC_EDIT_PRICE	默认
Date Time Picker	IDC_TIME	默认

"修改汽车维修保养信息"的对话框效果如图 13-21 所示。

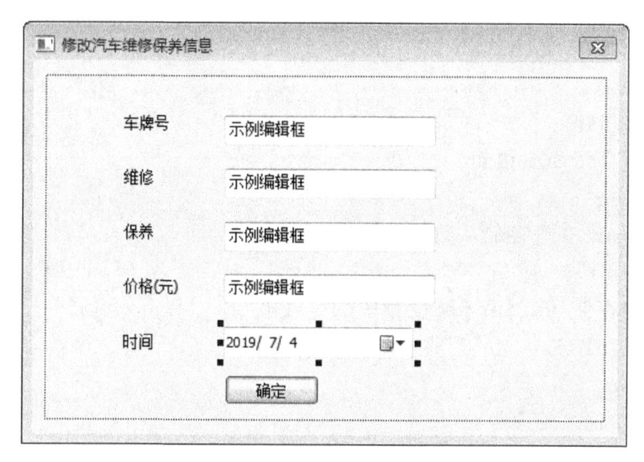

图 13-21 "修改汽车维修保养信息"对话框效果图

(2) 给对话框添加类，选择对话框，右键选择"添加类"，输入类名 CCarMaintainUpdate，其他选项默认。分别为 4 个文本编辑框和时间控件添加成员变量，如表 13-15 所示。

表 13-15 "修改汽车维修保养信息"的对话框控件添加成员变量

控件 ID	变 量 名	数 据 类 型
IDC_EDIT_NUMBER	car_number	CString
IDC_EDIT_REPAIR	car_repair	CString
IDC_EDIT_MAINTAIN	car_maintain	CString
IDC_EDIT_PRICE	car_price	int
IDC_TIME	Maintain_time	CDateTimeCtrl

(3) 在 CarMaintainUpdate.h 中实例化连接对象。

```
public:
    CString car_number;
    CString car_repair;
    CString car_maintain;
    int car_price;
    CDateTimeCtrl Maintain_time;
    _ConnectionPtr m_pConnection;                //实例化连接对象
```

(4) 双击"确定"按钮，添加消息处理函数，将修改后数据添加到数据库中的"汽车维修和保养信息表"中。

```
void CCarMaintainUpdate::OnBnClickedOk(){
    //TODO: 在此添加控件通知处理程序代码
    UpdateData(TRUE);
    m_pConnection.CreateInstance(__uuidof(Connection));
    m_pConnection->ConnectionTimeout =20;
    m_pConnection->Open("Provider=Microsoft.Jet.OLEDB.4.0;Data Source=汽车信息
```

```
管理系统.mdb", "", "", adConnectUnspecified);
    _RecordsetPtr pRecordset;
    pRecordset.CreateInstance(__uuidof(Recordset));
    HRESULT hr;
    //定义记录集指针
    //定义字符串存储 SQL 语句
    CString strSql;
    //定义_variant 变量存储从数据库读取的字段
    _variant_t var;
    //定义字符串存储_variant_t 变量中的字符串
    CString strValue;
    CString temp;
    //List 控件中记录的序号
    int curItem =0;
    //初始化 SQL 语句字符串,获得汽车维修和保养信息表中的
    temp.Format(_T("车牌号 ='%s'"), car_number);
    strSql =_T("SELECT * FROM 汽车维修和保养信息表 WHERE ");
    strSql +=temp;
    try{
        //利用 Open 函数执行 SQL 命令,获得查询结果记录集
        //需要把 CString 类型转换为_variant_t 类型
        hr =pRecordset->Open(_variant_t(strSql), m_pConnection.
GetInterfacePtr(), adOpenDynamic, adLockOptimistic, adCmdText);
        CString strDate;
        GetDlgItem(IDC_TIME)->GetWindowTextW(strDate);
        if (SUCCEEDED(hr)){
            pRecordset->PutCollect("车牌号", _variant_t(car_number));
            pRecordset->PutCollect("维修", _variant_t(car_repair));
            pRecordset->PutCollect("保养", _variant_t(car_maintain));
            pRecordset->PutCollect("价格(元)", _variant_t(car_price));
            pRecordset->PutCollect("时间", _variant_t(strDate));
            pRecordset->Update();
            OnOK();
            AfxMessageBox(_T("修改记录成功!"));
        }
    }
    catch (_com_error *e){
        AfxMessageBox(e->ErrorMessage());
        return;
    }
    CDialogEx::OnOK();
}
```

(5) 返回“汽车维修保养信息修改查询删除”对话框,双击“修改维修保养信息”按钮,添加消息处理函数,要求选中一行 List 控件中的记录,将数据传到“修改汽车维修保养信息”对话框,单击“确定”按钮修改数据后,List 控件中的数据要更新。

```
void CCarMTOperate::OnBnClickedButtonMtupdate(){
    //TODO: 在此添加控件通知处理程序代码
    CCarMaintainUpdate carMaintainUpdate;
    int nId;
    //首先得到单击的位置
    POSITION pos =car_dataMaintain.GetFirstSelectedItemPosition();
    if (pos ==NULL){
        AfxMessageBox(_T("请至少选择一项进行修改"));
        return;
    }
    //得到行号,通过 POSITION 转化
    nId =(int)car_dataMaintain.GetNextSelectedItem(pos);
    //得到列中的内容(0 表示第一列,同理 1、2、3…表示第二、三、四……列)
    carMaintainUpdate.car_number =car_dataMaintain.GetItemText(nId, 1);
    carMaintainUpdate.car_repair =car_dataMaintain.GetItemText(nId, 2);
    carMaintainUpdate.car_maintain =car_dataMaintain.GetItemText(nId, 3);
    carMaintainUpdate.car_price =_ttoi(car_dataMaintain.GetItemText(nId, 4));
    UpdateData(false);
    carMaintainUpdate.DoModal();
    UpdateData(TRUE);
    strSql =_T("SELECT * FROM 汽车维修和保养信息表");
    showMaintainList();
}
```

(6) 返回主菜单中,因为查询、修改、删除汽车维修保养信息操作都在 CCarMTOperate 对话框中完成,所以选择"修改汽车维修保养信息""查询汽车维修保养信息""删除汽车维修保养信息"子菜单选项,右键为其添加事件处理程序,显示 CCarMTOperate 对话框。

```
void CCarManagerSystemView::OnCarmtupdate(){
    //TODO: 在此添加命令处理程序代码
    CCarMTOperate carMTOperate;            //实例化修改汽车维修保养信息类对话框
    carMTOperate.DoModal();                //显示对话框
}
void CCarManagerSystemView::OnCarmtquery(){
    //TODO: 在此添加命令处理程序代码
    CCarMTOperate carMTOperate;            //实例化修改汽车维修保养信息类对话框
    carMTOperate.DoModal();                //显示对话框
}
void CCarManagerSystemView::OnCarmtdelete(){
    //TODO: 在此添加命令处理程序代码
    CCarMTOperate carMTOperate;            //实例化修改汽车维修保养信息类对话框
    carMTOperate.DoModal();                //显示对话框
}
```

"修改汽车维修保养信息"运行结果如图 13-22 所示。

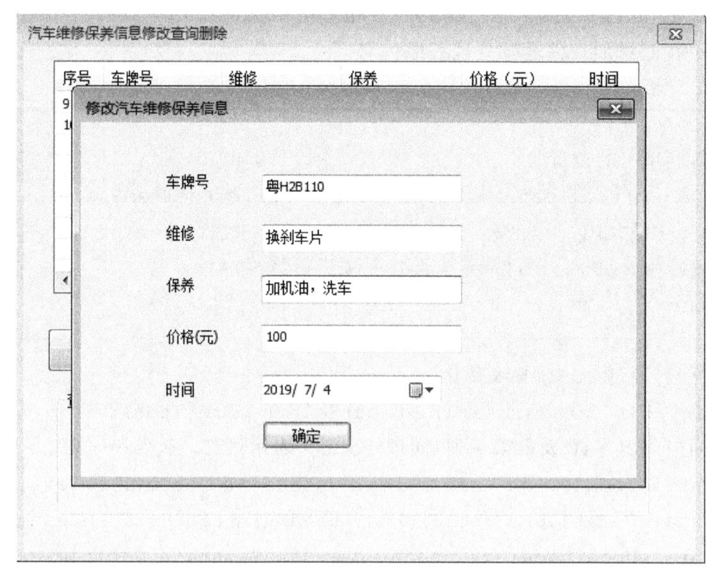

图 13-22 “修改汽车维修保养信息”运行结果图

5. 删除汽车维修保养信息

在资源视图中，打开 CCarOperate 对话框，双击“删除维修保养信息”按钮，添加消息处理函数，添加以下代码，实现选中某一条记录将其删除。

```
void CCarMTOperate::OnBnClickedButtonMtdelete(){
    //TODO: 在此添加控件通知处理程序代码
    int sel =car_dataMaintain.GetSelectionMark();
    if (sel >=0 && AfxMessageBox(_T("是否删除？"), MB_YESNO) ==IDYES){
        //根据用户在 List 控件中的选择获得序号
        CString dataid =car_dataMaintain.GetItemText(sel, 0);
        HRESULT hr;
        _bstr_t vSQL;
        //删除记录的 SQL 语句
        vSQL +=(_bstr_t)"delete from 汽车维修和保养信息表 where ID =";
        vSQL +=(_bstr_t)dataid;
        _variant_t RecordsAffected;
        try{
            //执行删除 SQL 语句
            hr =m_pConnection->Execute(_bstr_t(vSQL), &RecordsAffected,
adCmdText);
            MessageBox(_T("删除记录成功！"));
        }
        catch (_com_error *e){
            AfxMessageBox(e->ErrorMessage());
            return;
        }
        //List 控件中也删除该条记录
```

```
            car_dataMaintain.DeleteItem(sel);
        }
        else if (sel<0)
            MessageBox(_T("列表中无选中记录!"));
    }
```

删除汽车维修保养信息运行结果如图 13-23 所示。

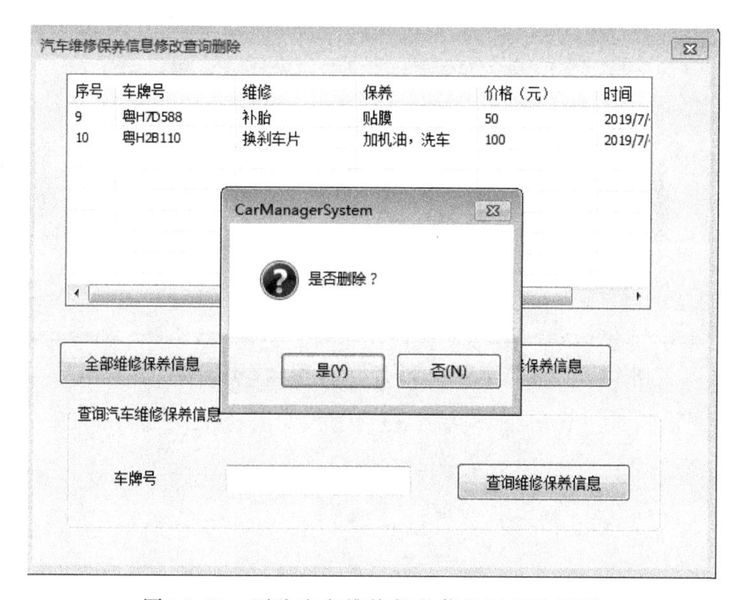

图 13-23　删除汽车维修保养信息运行结果图

6. 根据车牌号查询汽车维修保养信息

双击“查询基本信息”按钮，添加消息处理函数，在函数中添加以下代码，实现根据输入的车牌号查询汽车维修保养信息。

```
void CCarMTOperate::OnBnClickedButtonMtquery(){
    //TODO: 在此添加控件通知处理程序代码
    UpdateData(true);
    if (car_QueryNumber =="") {
        AfxMessageBox(_T("请输入查询条件"));
    }
    else {
        temp.Format(_T("车牌号 ='%s'"), car_QueryNumber);
        strSql =_T("SELECT * FROM 汽车维修和保养信息表 WHERE ");
        strSql +=temp;
        showMaintainList();
    }
}
```

根据车牌号查询汽车维修保养信息运行结果如图 13-24 所示。

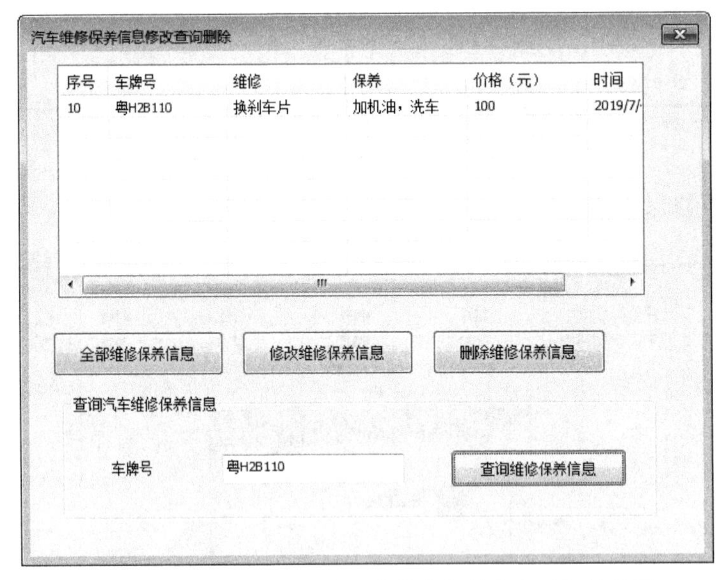

图 13-24　根据车牌号查询汽车维修保养信息运行结果图

实验练习参考答案

实 验 1

1. 程序分析题

(1)

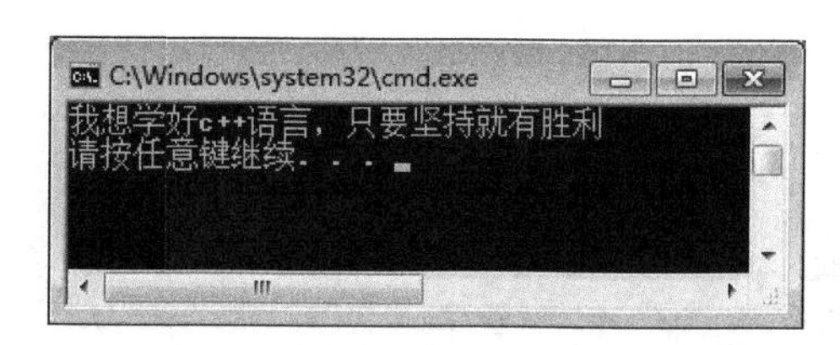

(2)

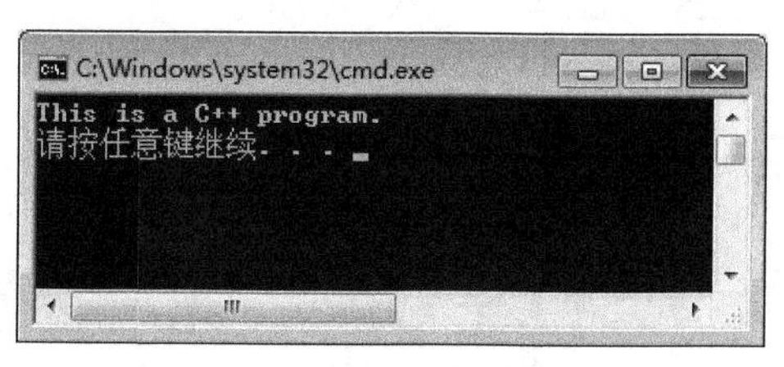

(3)

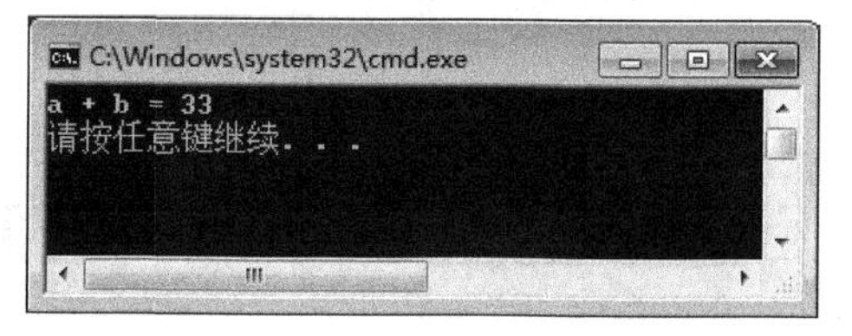

2. 程序填空题

(1) <iostream>　(2) float k=i*j　(3) return 0

3. 程序设计题

```
#include <iostream>
#include<math.h>
using namespace std;
int main(){
    cout <<"请输入一个任意四位数:"<<endl;
    int n, q, b, s, g;                          //定义变量
    cin >>n;                                    //键盘输入赋值
    q =n / 1000;                                //计算千位
    b =n / 100 %10;                             //计算百位
    s =n / 10 %10;                              //计算十位
    g =n %10;                                   //计算个位
```

```
    cout <<"千位:"<<q <<",百位:"<<b <<",十位:"<<s <<",个位:"<<g <<endl;
    return 0;
}
```

实　验　2

1. 程序阅读题

(1)

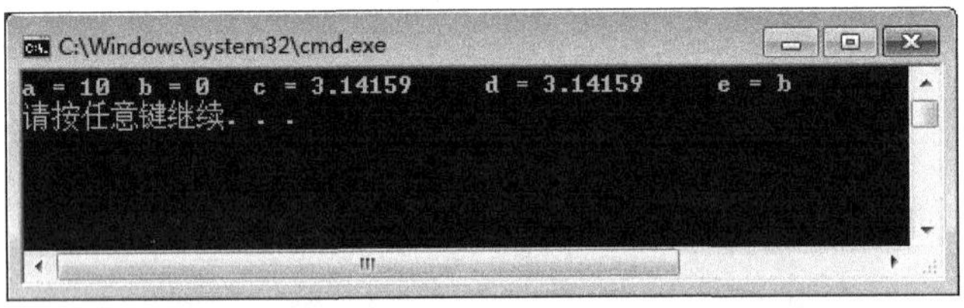

```
C:\Windows\system32\cmd.exe
a = 10  b = 0   c = 3.14159      d = 3.14159      e = b
请按任意键继续. . .
```

(2)

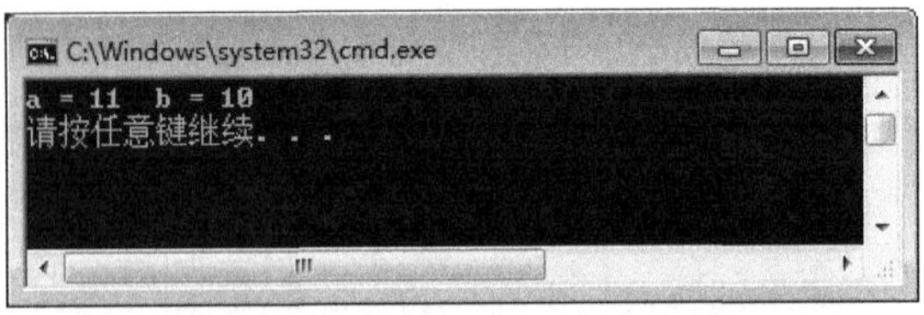

```
C:\Windows\system32\cmd.exe
a = 11  b = 10
请按任意键继续. . .
```

(3)

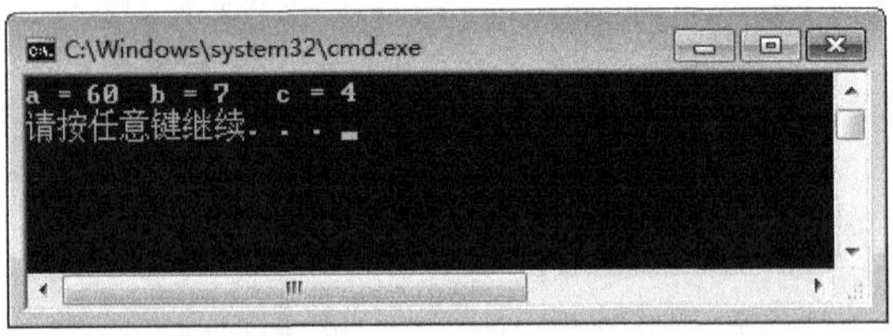

```
C:\Windows\system32\cmd.exe
a = 60  b = 7   c = 4
请按任意键继续. . .
```

(4)

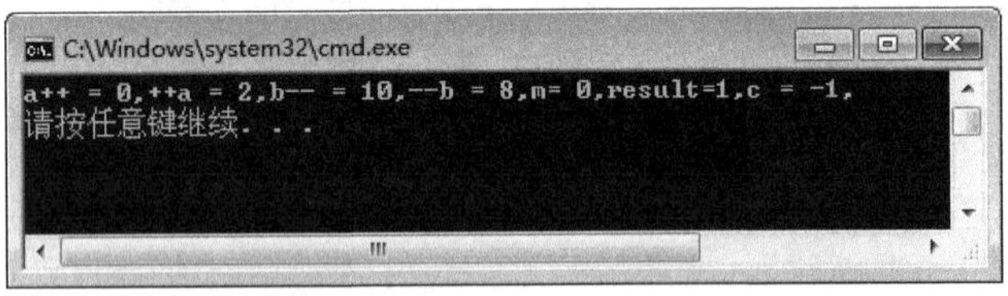

```
C:\Windows\system32\cmd.exe
a++ = 0,++a = 2,b-- = 10,--b = 8,m= 0,result=1,c = -1,
请按任意键继续. . .
```

(5)

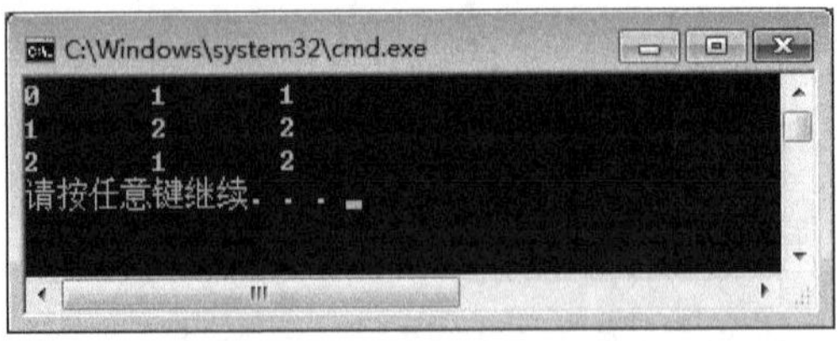

```
C:\Windows\system32\cmd.exe
0        1        1
1        2        2
2        1        2
请按任意键继续. . .
```

(6)

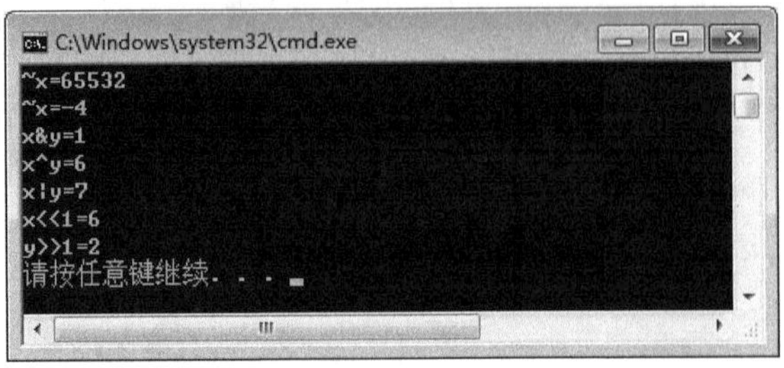

```
C:\Windows\system32\cmd.exe
~x=65532
~x=-4
x&y=1
x^y=6
x|y=7
x<<1=6
y>>1=2
请按任意键继续. . .
```

2. 程序改错题

(1) 错误代码：int a ;,改正为：int a=100;//a 赋初值。

错误代码：b++;,改正为：去掉 b++。

(2) 错误代码：b= 510 + 3.2e3 -5.6 / 0.03;,改正为：double b = 510 + 3.2e3 -5.6 / 0.03;。

错误代码：int m;,改正为：int m=3; //m 赋初值。

3. 程序填空题

(1) float (2) char (3) unsigned long (4) float

(5) cin >> w; (6) cin >>h; (7) (w+h) * 2 (8) w * h

4. 程序设计题

(1)

```
#include<iostream>
using namespace std;
int main(){
    double HS, SS;
    cout <<"请输入华氏温度:"<<endl;
    cin >>HS;
    SS =(5 / 9.0) * (HS -32);
    cout <<"对应的摄氏温度为:"<<SS <<endl;
    return 0;
}
```

(2)

```
#include<iostream>
using namespace std;
int main(){
    double r, c, s;
    const double PI =3.14;
    cout <<"请输入圆的半径:"<<endl;
    cin >>r;
    c =2 * PI * r;
    s =2 * r * r;
    cout <<"圆的周长为:"<<c<<endl;
    cout <<"圆的面积为:"<<s <<endl;
    return 0;
}
```

(3)

```
#include<iostream>
using namespace std;
int main(){
    int a, b, c;
    cout <<"第一个整数 a:"<<endl;
    cin >>a;
    cout <<"第二个整数 b:"<<endl;
    cin >>b;
```

```
    cout <<"现在变换 2 个数的值:"<<endl;
    c =a;
    a =b;
    b =c;
    cout <<"第一个整数 a:"<<a<<endl;
    cout <<"第二个整数 b:"<<b<<endl;
    return 0;
}
```

(4)

```
#include<iostream>
using namespace std;
int main(){
    int x, y;
    cout <<"请输入第一个操作数:x=";
    cin >>x;
    cout <<"请输入第二个操作数: y=" ;
    cin >>y;
    cout <<"运算结果如下:"<<endl;
    cout <<" x+y="<<x +y <<endl;
    cout <<" x-y="<<x -y <<endl;
    cout <<" x * y="<<x * y <<endl;
    cout <<" x/y="<<x / y <<endl;
    return 0;
}
```

实　验　3

1. 程序阅读题

(1)

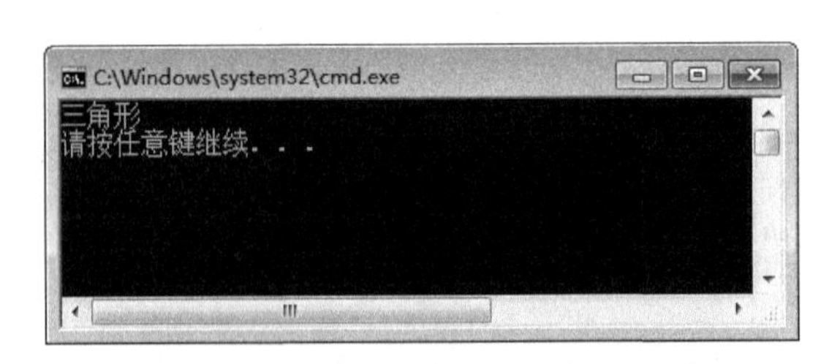

(2)

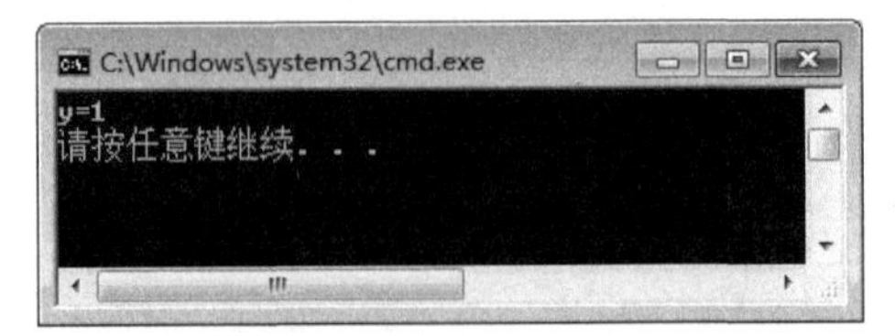

(3)

C:\Windows\system32\cmd.exe
20
请按任意键继续. . .

(4)

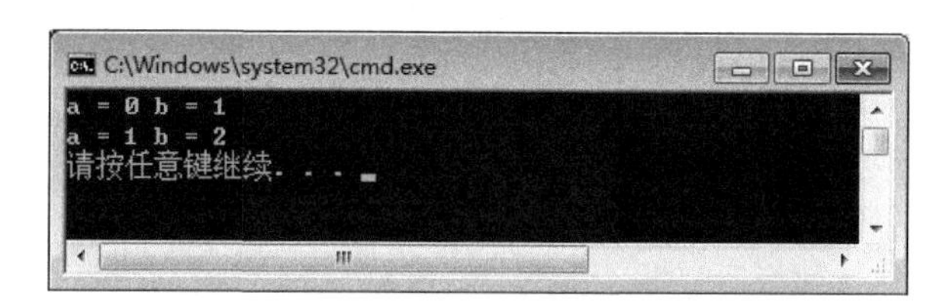

(5)

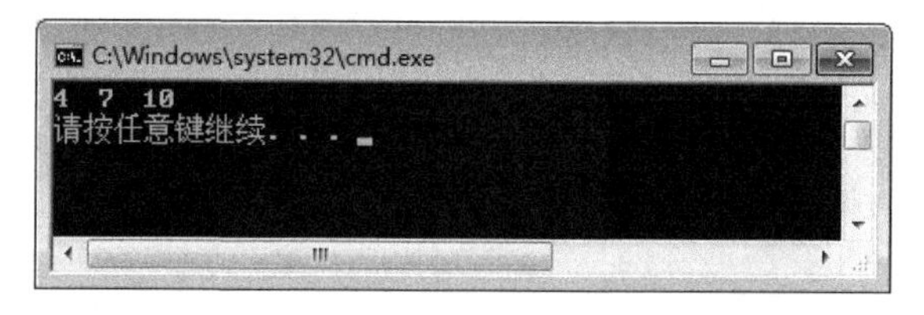

(6)

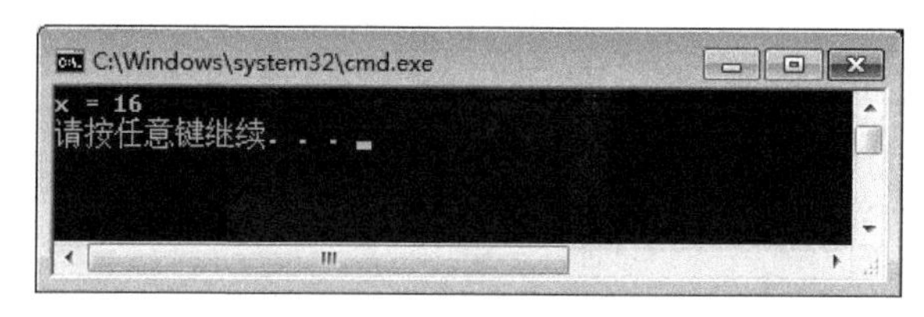

2. 程序改错题

(1) 错误代码：int sum = 1;，改正为：int sum =0;。

错误代码：if (i % 7! = 0)，改正为：if (i % 7== 0)。

(2) 错误代码：if ((year%4==0&&year%100! =0)&&year%400==0)，

改正为：if ((year%4==0&&year%100! =0)||year%400==0)。

错误代码：else if，改正为：else。

(3) 错误代码：for(a=-2;a>-101;a=a+2)，改正为：for(a=-2;a>-101;a=a-2)

错误代码：s=s1-s2;，改正为：s=s1+s2;。

3. 程序填空题

(1) cin>>m;　　(2) x=m%10

(3) a<101　　(4) s=s+m;

(5) a==b||a==c||b==c　　(6) cout<<"是等边三角形";

(7) sqrt(n)　　(8) i>m

4. 程序设计题

(1)

方法一：

```
#include <iostream>
using namespace std;
int main(){
    int s, l, w;                              //l 表示距离，w 表示重量
    cout <<"请输入邮寄距离和重量:"<<endl;
    cin >>l >>w;
    if (w <=10) s =5;
    else if (w <=30) s =9;
    else if (w <=50) s =12;
    else if (w <=60) s =14 +l / 1000;
    else s =15 +l / 1000;
```

```
    cout <<"邮资是:"<<s <<"元"<<endl;
    return 0;
}
```

方法二：

```
#include <iostream>
using namespace std;
int main(){
    int s, l, w;                                        //l表示距离,w表示重量
    cout <<"请输入邮寄距离和重量:"<<endl;
    cin >>l >>w;
    switch (w/10){
        case 0:
        case 1:s =5;break;
        case 2:
        case 3:s =9;break;
        case 4:
        case 5:s =12;break;
        case 6:s =14 +l / 1000;break;
        default:s =15+l / 1000;break;
    }
    cout <<"邮资是:"<<s <<"元"<<endl;
    return 0;
}
```

(2)

```
using namespace std;
int main() {
    int a =0;
    for (int x =1; x<10; x++){
        for (int y =0; y<10; y++){
            for (int z =0; z<10; z++){
                a =100 * x +10 * y +z;
                if (a ==x * x * x +y * y * y +z * z * z){
                    cout <<a <<" 是水仙花数"<<endl;
                }
            }
        }
    }
    return 0;
}
```

(3)

```
#include <iostream>
using namespace std;
int main(){
    int sum=0;
```

```
    int t=1;
    int i;
    for(i=1;i<11;i++){
        t=t*i;
        s=s+t;
    }
    cout<<"1!+2!+3!+...+10!="<<s<<endl;
    return 0;
}
```

(4)

```
#include <iostream>
using namespace std;
int main(){
    int a, b, s, r;
    cout <<"请输入一个数:"<<endl;
    cin >>a;
    b =0;
    s =a;
    for (;s;) {
        r =s %10;                          //从低位到高位逐一分离
        b =10 * b +r;                      //重新组合一整数
        s =s / 10;                         //求其商
    }
    if (b ==a)
        cout <<"回文"<<endl;
    else cout <<"不是回文"<<endl;
    return 0;
}
```

(5)

```
#include<iostream>
using namespace std;
int main(){
    double HS, SS;  int a;
    cout <<"请选择转换类型:华氏->摄氏请输入 1,摄氏至->华氏请输入 2。"<<endl;
    while (cin >>a){  //结束条件为正确输入或者遇到文件结束符 Ctrl+Z。可以根据自己
                      //的需求进一步改进
        if (a ==1){
            cout <<"请输入华氏温度:"<<endl;
            cin >>HS;
            SS =(5 / 9.0) * (HS -32);
            cout <<"对应的摄氏温度为:"<<SS <<endl;
            break;
        }
        else if (a ==2){
            cout <<"请输入摄氏温度:"<<endl;
```

```
            cin >>SS;
            HS =(9 / 5.00) * SS +32;
            cout <<"对应的华氏温度为:"<<HS <<endl;
            break;
        }
        else{
            cout <<"输入数据错误,请输入 1 或 2"<<endl;
        }
    }
    return 0;
}
```

(6)

```
#include <iostream>
using namespace std;
int main(){
    int i,j,k;
    for(i=1;i<=9;i++){
        for(j=1;j<=i;j++){
            cout<<j<<"x"<<i<<"=";
            k=i * j;
            cout<<k<<"";
            if(i==j){
                cout<<endl;
            }
        }
    }
    return 0;
}
```

(7)

```
#include<iostream>
#include<cmath>
using namespace std;
int main(){
    int x,y,m,n,i,j=1,k=0,a[20];
    cout<<"请输入一个数:";
    cin>>m;
    y=m;
    cout<<endl;
    for(i=1;;i++){
        j *=10;
        n=m/j;
        a[i]=n;
        k++;
        if(n<1)
        break;
```

```
    }
    cout<<"您输入的位数是:"<<k<<endl;
    int b=1,c,d=0;
    for(i=1;i<=k;i++){
        b*=10;
        //cout<<b<<endl;
    }
    cout<<"你输入的数字各位分别是:";
    for(i=k;i>0;i--){
        b=b/10;
        c=m/b;
        m=m-c*b;
        d+=c;
        cout<<c<<"";
    }
    cout<<endl;
    //cout<<"你输入的数字是"<<k<<"位数\n";
    cout<<"各位上的数字之和为:"<<d<<endl;
    x=0;
    do{
        x=x*10+y%10;
        y=y/10;
    }
    while(y!=0);
    cout<<"逆序输出为:"<<x;
    cout<<endl;
    return 0;
}
```

(8)

```
#include <iostream>
#include <cmath>
using namespace std;
int main(){
    int m,i;
    cout<<"1000以内的完数有:";
    for(m=1;m<1001;m++){
        int c=0,n=0;
        for(i=1;i<m;i++){
            if(m%i==0){
                c=c+i;}
            }
            if (c==m){
                n++;
                cout<<c<<"";
                if(n%5==0){
                    cout<<endl;}
```

```
            }
        }
    cout<<endl;
    return 0;
}
```

(9)

```
#include <iostream>
using namespace std;
int main(){
    int x,y,z;
    int m=0;
    for(x=1;x<100;x++){
        for(y=1;y<100;y++){
            for(z=1;z<100;z++)
                if((x+y+z==100)&&(6*x+4*y+z==200)){
                    m++;
                    cout<<"第"<<m<<"种方案。"<<endl;
                    cout<<"大马:"<<x<<"";
                    cout<<"中马:"<<y<<"";
                    cout<<"小马:"<<z<<endl;
                }
            }
        }
    return 0;
}
```

(10)

```
#include <iostream>
using namespace std;
int main(){
    int i,m,n=0;
    for(i=1;i<101;i++){
        for(m=1;m<=i;m++){
            n++;
            if(n==100)
                cout<<"第 100 个数:"<<i<<endl;
        }
    }
    return 0;
}
```

(11)

```
#include <iostream>
#include <cmath>
using namespace std;
int main(){
```

```
    int a,b,c;
    cout<<"请输入任意三个数 a、b、c:"<<endl;
    cin>>a>>b>>c;
    float x1,x2,d;
    d=sqrt(b*b-4*a*c);
    if(d>=0){
        x1=(-b+d)/(2*a);
        x2=(-b-d)/(2*a);
        cout<<"x1="<<x1<<endl;
        cout<<"x2="<<x2<<endl;
        }
    else cout<<"无解"<<endl;
    return 0;
}
```

(12)

```
#include <iostream>
using namespace std;
int main(){
    int i;
    for(i=1;;i++){
        if(i%3==2&&i%5==3&&i%7==2)
        break;
    }
    cout<<i<<endl;
    return 0;
}
```

(13)

```
#include <iostream>
#include <cmath>
using namespace std;
int main(){
    int n,i,k,s=0,j=0;
    for(n=3;n<=1000;n++){
        k=sqrt(n);
        for(i=2;i<=k;i++)
            if(n%i==0)
                break;
            if(i>k){
                cout<<n<<"";
                s+=n;
                j++;
                if(j%8==0)
                    cout<<endl;
            }
        }
```

```
    cout<<endl;
    cout<<"s="<<s<<endl;
    return 0;
}
```

(14)

```
#include <iostream>
#include <cmath>
using namespace std;
int main(){
    int a,b,s,sum;
    for(a=1;a<20;a++)
        for(b=1;b<10;b++){
            sum=2*a+4*b;
            if(sum==40){
                cout<<"鸡"<<a<<"只"<<'\t'<<"兔"<<b<<"只"<<'\t';
                s=a+b;
                cout<<"s="<<s<<endl;
            }
        }
    return 0;
}
```

(15)

```
#include <iostream>
#include <cmath>
using namespace std;
int main(){
    int a,b,c,s=0,sum;
    for(a=1;a<=100;a++)
        for(b=1;b<=50;b++)
            for(c=1;c<=20;c++){
                sum=a+2*b+5*c;
                if(sum==100){
                    cout<<"一分"<<a<<'\t';
                    cout<<"两分"<<b<<'\t';
                    cout<<"五分"<<c<<'\t'<<endl;
                    s++;
                }
            }
    cout<<"共有"<<s<<"种方法。"<<endl;
    return 0;
}
```

(16)

```
#include <iostream>
using namespace std;
```

```
int main(){
    int year,month,day,days=0,i;
    cout<<"请输入年月日"<<endl;
    cout<<"请输入年:";
    cin>>year;
    cout<<"请输入月:";
    cin>>month;
    cout<<"请输入日:";
    cin>>day;
    if(year>10000||year<0||month<0||month>13||day<0||day>31)
        cout<<"有误!"<<endl;
    else
        if(year%4==0&&year%100==0||year%400==0){
            for(i=1;i<month;i++){
                if(i==1||i==3||i==5||i==7||i==8||i==10||i==12)
                    days+=31;
                else if(i==4||i==6||i==9||i==11)
                    days+=30;
                else
                    days+=29;
            }
        }
        else {
            for(i=1;i<month;i++){
                if(i==1||i==3||i==5||i==7||i==8||i==10||i==12)
                    days+=31;
                else if(i==4||i==6||i==9||i==11)
                    days+=30;
                else
                    days+=28;
            }
        }
    cout<<"它是该年的第"<<days+day<<"天。"<<endl;
    return 0;
}
```

(17)

```
#include <iostream>
#include <cmath>
using namespace std;
int main(){
    cout<<"2007年的日历"<<endl;
    int xq=1;
    for(int i=1;i<13;i++){
        cout<<i<<"月\n";
        cout<<"星期日"<<'\t'<<"星期一"<<'\t'<<"星期二"<<'\t'<<"星期三"<<'\t'<
<"星期四"<<'\t'<<"星期五"<<'\t'<<"星期六"<<'\t'<<endl;
```

```
        if(i==1){
            xq=1;
            for(int ii=1;ii<=xq;ii++){
                cout<<'\t';
            }
        }
        else
            if(xq==7)
                ;
            else
                for(int jj=1;jj<=xq;jj++){
                    cout<<'\t';
                }
                if(i==1||i==3||i==5||i==7||i==8||i==10||i==12)
                    for(int j=1;j<=31;j++){
                        cout<<j<<'\t';
                        xq++;
                        if(xq==7)
                            cout<<endl;
                        if(xq==8)
                            xq=1;
                    }
                else
                    if(i==4||i==6||i==9||i==11)
                        for(int k=1;k<=30;k++){
                            cout<<k<<'\t';
                            xq++;
                            if(xq==7)
                                cout<<endl;
                            if(xq==8)
                                xq=1;
                        }
                else
                    if(i==2)
                        for(int l=1;l<=28;l++){
                            cout<<l<<'\t';
                            xq++;
                            if(xq==7)
                                cout<<endl;
                            if(xq==8)
                                xq=1;
                        }
        cout<<endl;
    }
    return 0;
}
```

实　验　4

1. 程序分析题

(1)

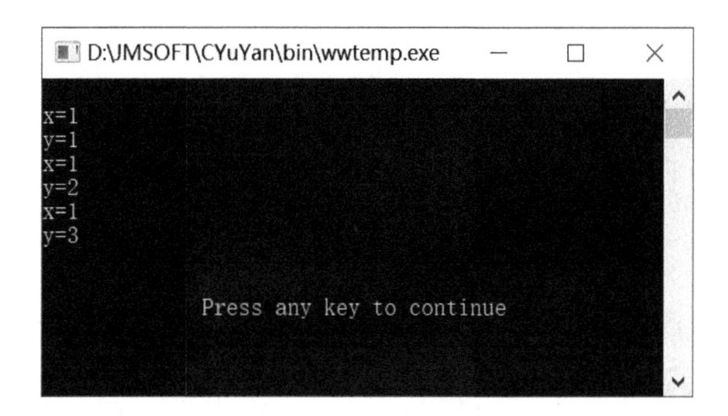

(2)

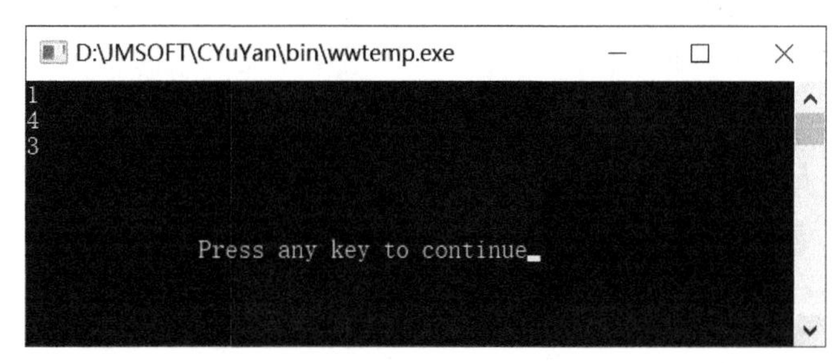

(3)

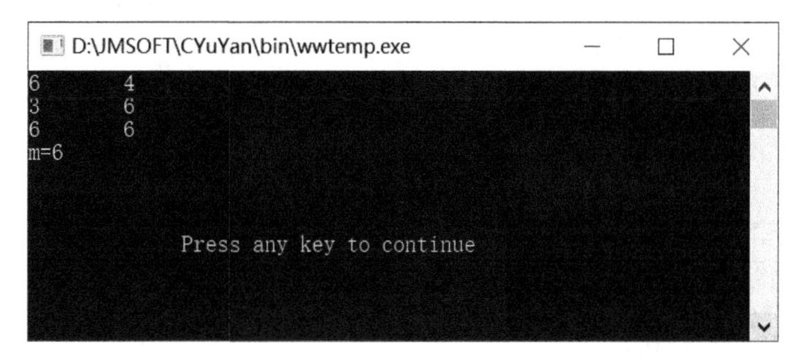

2. 程序改错题

错误代码：for(i=1,i<=m,i++)，改正为：for(i=1;i<=m;i++)。

错误代码：int f2(n)，改正为：int f2(int n)。

错误代码：for(i=1;i<5;i++)，改正为：for(i=1;i<=5;i++)。

3. 程序填空题

(1) int i=0;i<10;i++　　(2) sum=sum+ a[i];

(3) n==1||n==2　　(4) fib(n-1) + fib(n-2);

4. 程序设计题

(1)

```
#include <iostream>
using namespace std;
int fun(int m){
```

```
    int k =2;
    while(k<=m&&(m%k))
        k++;
    if(m ==k) return 1;
    else  return 0;
}
int main(){
    for (int i=2; i <=100; i++){
        if(fun(i)==1) cout<<i<<"";
    }
    return 0;
}
```

(2)

```
#include <iostream>
using namespace std;
int power(int x,int y){
    if(y==0) return 1.0;
    return power(x,y-1) * x;
}
int main(){
    int y;
    double x;
    cin>>x>>y;
    cout<<power(x,y)<<endl;
    return 0;
}
```

(3)

```
#include <iostream>
using namespace std;
int max(int a,int b){
    return((a>b)?a:b);
}
int max(int a,int b,int c){
    int d=max(a,b);
    return((c>d)?c:d);
}
double max(double a,double b){
    return(a>b?a:b);
}
double max(double a,double b,double c){
    double
    d=max(a,b);
    return(c>d?c:d);
}
int main(){
```

```
    cout<<max(1,2)<<endl;
    cout<<max(1,2,3)<<endl;
    cout<<max(3.0,4.0)<<endl;
    cout<<max(2.0,3.0,4.0)<<endl;
    return 0;
}
```

实 验 5

1. 程序阅读题

(1)

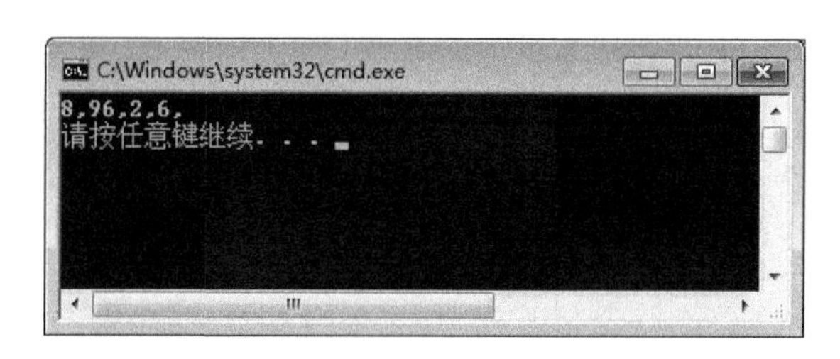

(2)

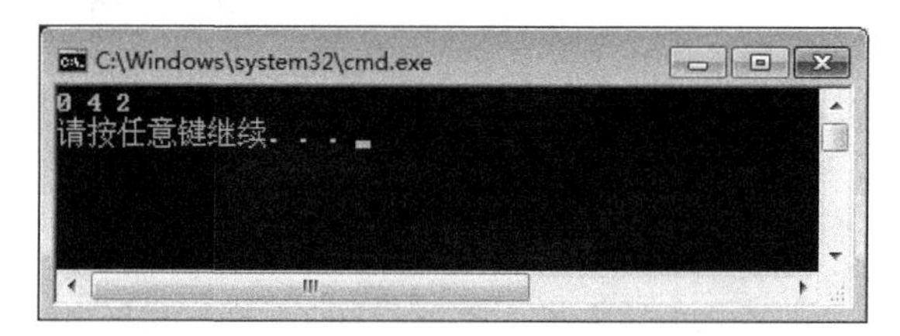

(3)

(4)

```
C:\Windows\system32\cmd.exe
s1:hi
s2:hello
s1:1hi
s2:hello,world
请按任意键继续. . .
```

2. 程序改错题

错误代码：int sum;,改正为：int sum=0;。

错误代码：for (int i = 0;i <= 5;i++),改正为：for (int i = 0;i < 5;i++) 。

错误代码：sum += a[i];,改正为：sum += a[j];。

3. 程序填空题

(1) cin.getline(s1, 80)　(2) cin.getline(s2, 80)　(3) strcmp(s1,s2)==0

(4) s1 += "abdef"　(5) s3.size()　(6) s3.substr(1, 3)

4. 程序设计题

(1)

```
#include <iostream>
using namespace std;
int main(){
    const int MaxN =100, CourseN =5;            //CourseN 科目的数量
    int n, score[MaxN][CourseN +1] ={ 0 };
    float aver[CourseN +1] ={ 0 };
    for (n =0;n<MaxN;n++){                      //输入学生成绩
    cout <<"请输入"<<n +1 <<"个学生的成绩,可以输入-1 结束"<<endl;
        for (int j =0;j<CourseN;j++){
            cin >>score[n][j];
            if (score[n][0]<0)   break;         //输入-1,结束输入
        }
        if (score[n][0]<0)   break;             //输入-1,结束输入
    }
    for (int i =0;i<n;i++)                      //计算每个学生的总分
        for (int j =0;j<CourseN;j++)
            score[i][CourseN] =score[i][CourseN] +score[i][j];
    for (int j =0;j<CourseN +1;j++){            //计算每门课程的平均分
        for (int i =0; i<n; i++)
            aver[j] =aver[j] +score[i][j];
        aver[j] =aver[j] / n;
    }
    for (int i =0;i<n;i++){                     //输出每个人的成绩与总分
        for (int j =0;j<CourseN +1;j++)
            cout <<score[i][j] <<"\t";
        cout <<endl;
    }
    cout <<"-------------------------------------"<<endl;
    for (int i =0;i<CourseN +1;i++)             //输出每门功课的平均分
        cout <<aver[i] <<"\t";
    cout <<endl;
    return 0;
}
```

(2)

```
#include<iostream>
using namespace std;
int main(){
    char st1[5]={'A','B','C','D','E'},st2[5]={'J','K','L','M','N'};
    int i=0,j,k,l,m,n;
    for(j=0;j<5;j++){                           //0 号位
```

```
        if(j==0) continue;              //A 选手不与选手 J 比赛,即 st1[0]不与 st2[0]比赛
        for(k=0;k<5;k++){//1 号位
            if(k==j) continue;              //剔除乙队占据 0 号位的选手
            for(l=0;l<5;l++){//2 号位
                if(l==j||l==k) continue; //剔除乙队占据 0、1 号位的选手
                for(m=0;m<5;m++){//3 号位
                    if(m==j||m==k||m==l) continue;
                                        //剔除乙队占据 0、1、2 号位的选手
                    if(m==3) continue;      //st1[3]不与 st2[3]比赛,即 D 不与 M 比赛
                    for(n=0;n<5;n++){//4 号位
                        if(n==j||n==k||n==l||n==m) continue;
                                        //剔除乙队占据 0、1、2、3 号位的选手
                        if(n==3) continue;//st1[4]不与 st2[3]比赛,即 E 不与 M 比赛
                        cout<<st1[0]<<'-'<<st2[j]<<'\t'<<st1[1]<<'-'<<st2[k]
<<'\t';
                        cout<<st1[2]<<'-'<<st2[l]<<'\t'<<st1[3]<<'-'<<st2[m]
<<'\t';
                        cout<<st1[4]<<'-'<<st2[n]<<endl;
                        i++;
                    }
                }
            }
        }
    }
    cout<<i<<endl;
    return 0;
}
```

实　验　6

1. 程序分析题

(1)

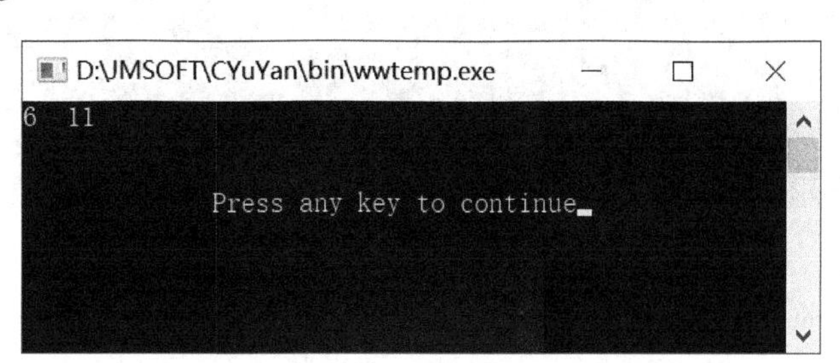

(2)

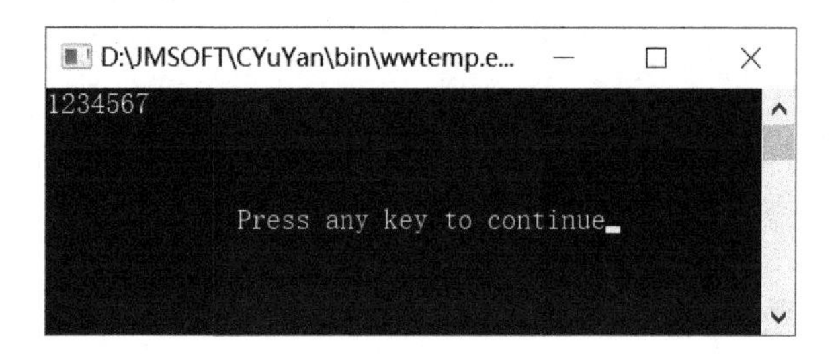

(3)

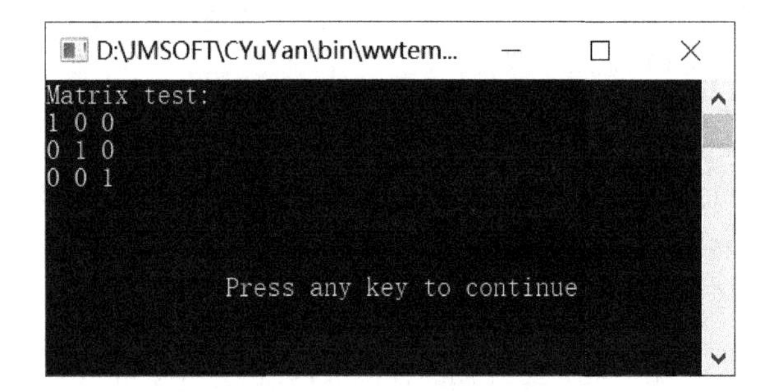

(4)

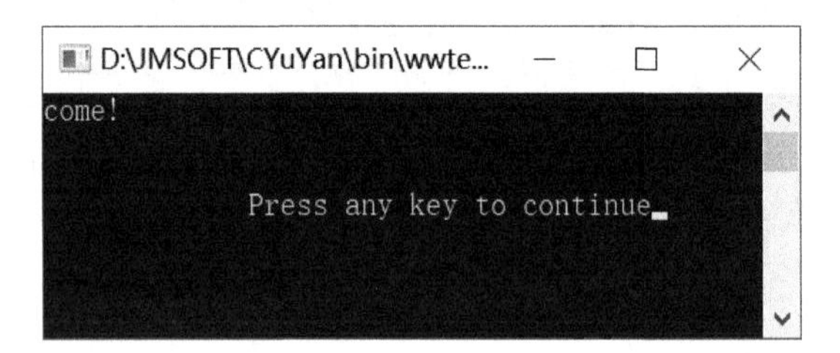

(5)

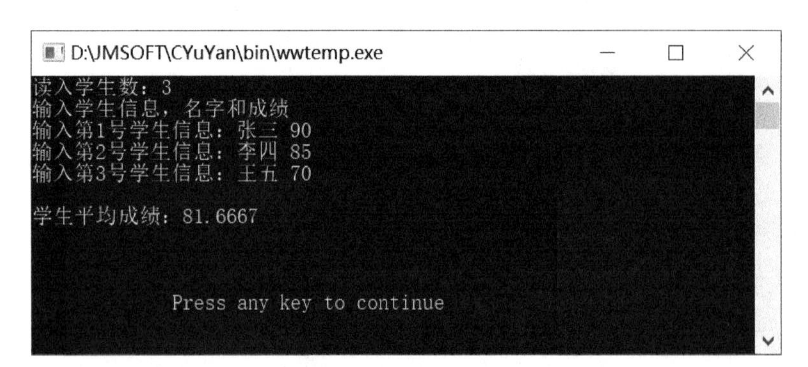

(6)

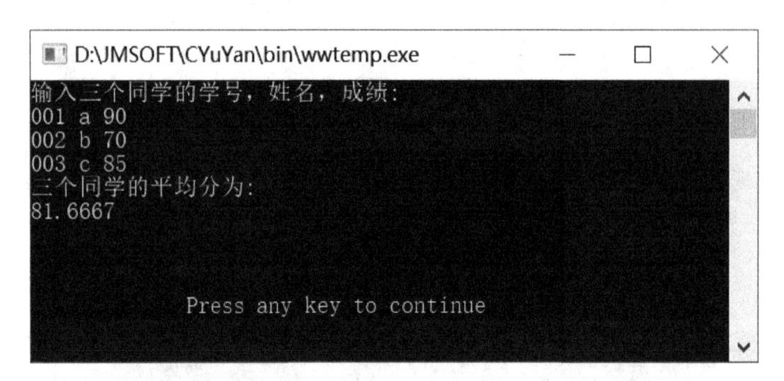

2. 程序改错题

错误代码：short int *p;，改正为：short int k;。

错误代码：{p = p1;　p1 = p2;　p2 = p;}，。改正为：{　k = *p1;　*p1 = *p2;　*p2 = k;}。

3. 程序填空题

(1) sum =sum + a[i];　(2) data，9，x，s　(3) index==-1　(4) p == NULL

(5) p[i] > max　(6) p[i] < min　(7) delete[]p;

(8) a[i]=a[j];a[j]=t;　(9) input(s，MaxNum);

4. 程序设计题

(1)

```
#include <iostream>
using namespace std;
int main(){
    int a,b,c,t;
    int *p1,*p2,*p3;
    p1=&a;p2=&b;p3=&c;
    cin>>a>>b>>c;
    if(a<b) {t=*p1;*p1=*p2;*p2=t;}
    if(b<c) {t=*p2;*p2=*p3;*p3=t;}
    if(a<b) {t=*p1;*p1=*p2;*p2=t;}
    cout<<a<<""<<b<<""<<c<<endl;
    return 0;
}
```

(2)

```
#include <iostream>
using namespace std;
void f(char *p,int &a,int &b,int &c,int &d,int n){
    a=b=c=d=0;int i=0;
    while(i<n){
        if(*(p+i)>='A'&&*(p+i)<='Z') a++;
        else if(*(p+i)>='a'&&*(p+i)<='z') b++;
        else if(*(p+i)>='0'&&*(p+i)<='9') c++;
        else d++;
        i++;}
}
int main(){
    char *s;int n,i;
    cin>>n;
    s=new char[n];
    for(i=0;i<n;i++)
        cin>>s[i];
    int a,b,c,d;
    f(s,a,b,c,d,n);
    cout<<a<<","<<b<<","<<c<<","<<d;
    delete[] s;
    return 0;
}
```

(3)

```
#include <iostream>
using namespace std;
int main(){
    int n,i,t;
```

```
    cin>>n;
    int * p, * minp, * maxp;
    p=new int[n];
    for(i=0;i<n;i++)
        cin>> * (p+i);
    minp=maxp=p;
    for(i=0;i<n;i++){
        if( * minp>p[i]) minp=p+i;
        if( * maxp<p[i]) maxp=p+i;
    }
    t= * minp; * minp=p[0];p[0]=t;
    t= * maxp; * maxp=p[n-1];p[n-1]=t;
    for(i=0;i<n;i++){
        cout<< * (p+i)<<"";
    }
    delete[] p;
    return 0;
}
```

(4)

```
#include <iostream>
using namespace std;
struct com{
    char cno[6];
    char cname[20];
    float price;
    float sprice;
    int qty;
};
int main(){
    com c[3];
    int i;
    for(i=0;i<3;i++)
        cin>>c[i].cno>>c[i].cname>>c[i].price>>c[i].qty;
    for(i=0;i<3;i++)
        c[i].sprice=c[i].price;
    cout<<"打折之前"<<endl;
    for(i=0;i<3;i++)
        cout<<c[i].cno<<""<<c[i].cname<<""<<c[i].price<<""<<c[i].sprice<<""
<<c[i].qty<<endl;
    for(i=0;i<3;i++){
        if(c[i].qty>=200) c[i].sprice=c[i].price * 0.85;
        else if(c[i].qty>=100) c[i].sprice=c[i].price * 0.95;
    }
    cout<<"打折之后"<<endl;
    for(i=0;i<3;i++)
        cout<<c[i].cno<<""<<c[i].cname<<""<<c[i].price<<""<<c[i].sprice<<""
```

```
<<c[i].qty<<endl;
    return 0;
}
```

实　验　7

1. 程序分析题

(1)

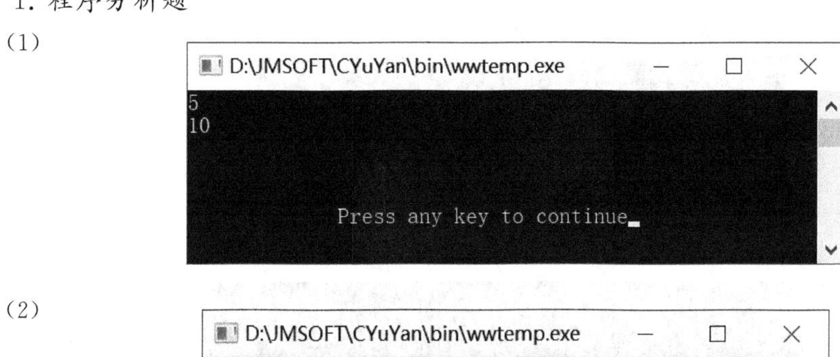

(2)

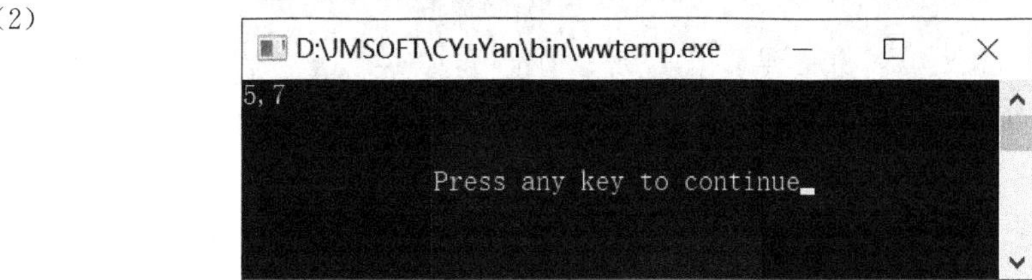

(3)

(4)

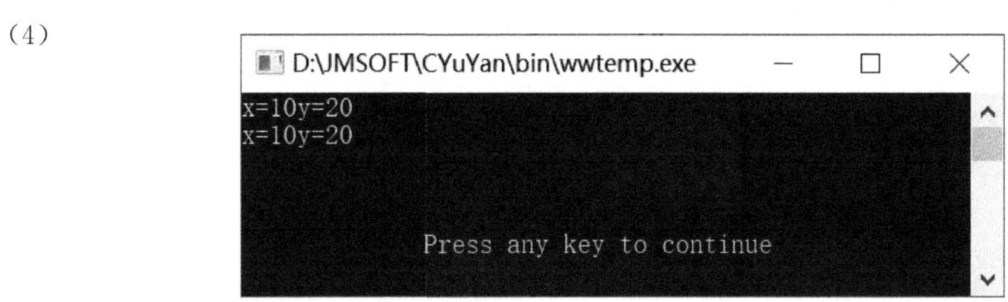

(5)

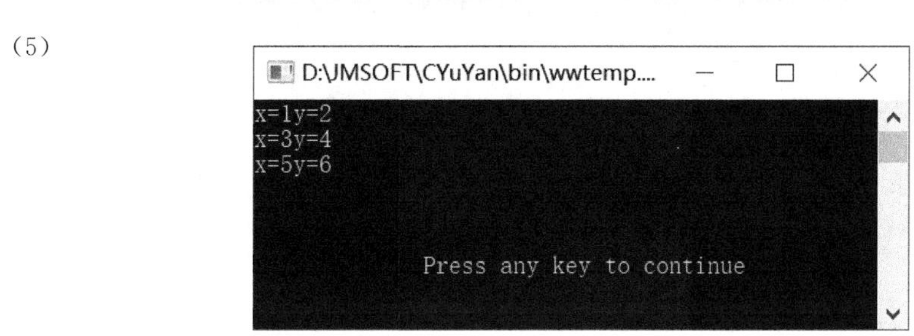

(6)

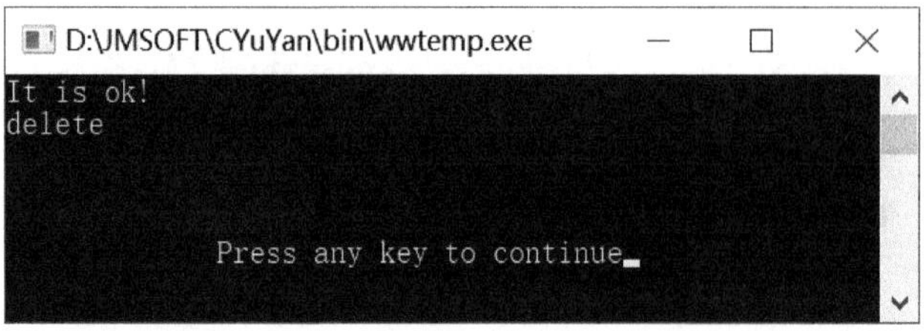

```
D:\JMSOFT\CYuYan\bin\wwtemp.exe
It is ok!
delete

        Press any key to continue
```

(7)

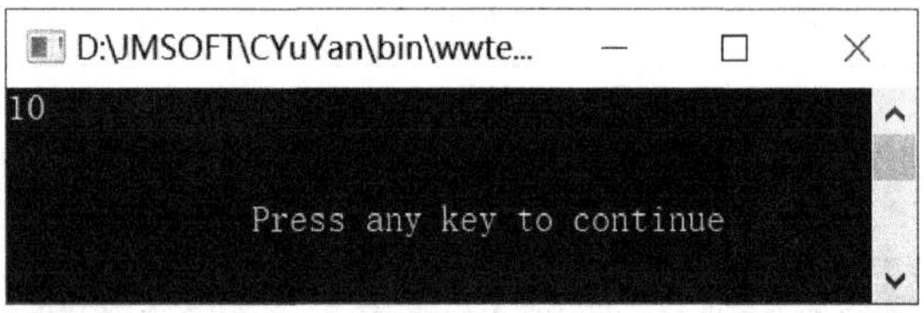

```
D:\JMSOFT\CYuYan\bin\wwte...
10

        Press any key to continue
```

(8)

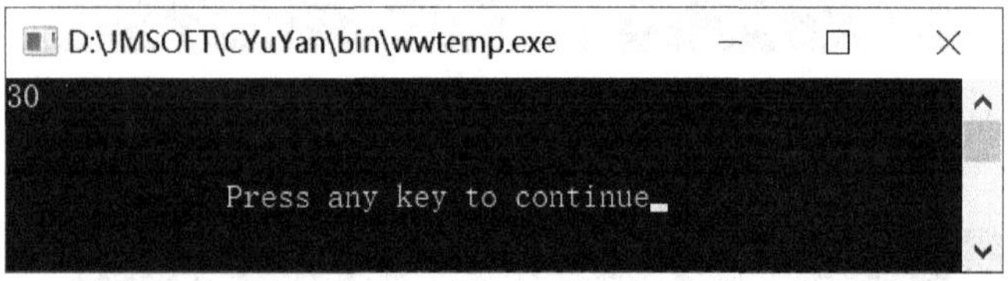

```
D:\JMSOFT\CYuYan\bin\wwtemp.exe
30

        Press any key to continue
```

2. 程序改错题

(1) 错误代码：void Point(int a)，改正为：Point(int a)。

错误代码：cout<<A.Show();，改正为：A.Show();。

(2) 错误代码：int a1,a2;，改正为：public: int a1,a2;。

错误代码：one(int x1=0, x2=0);，改正为：one(int x1=0,int x2=0){a1=x1;a2=x2;}。

(3) 错误代码：friend void setval(int i,int j);，改正为：friend void setval(int i,int j,A &c1);。

错误代码：void setval(int i,int j){a=i; b=j;}，

改正为：void setval(int i,int j,A &c1){c1.a=i; c1.b=j;}。

错误代码：setval(2,3);，改正为：setval(2,3,obj1);。

3. 程序填空题

(1) x.Image+y.Image;　　(2) x.SetComplex(x1,y1);

(3) y.SetComplex(x2,y2);　　(4) unprice = ulp;

(5) total > max　　(6) g1.show();

4. 程序设计题

(1)

```
#include<iostream>
using namespace std;
class Rectangle{
    public:int j;
        void area(int X=0,int Y=0,int A=0,int B=0);
    private:
        int x,y,a,b;
};
void Rectangle::area(int X,int Y,int A,int B){
    x=X;y=Y;a=A;b=B;
```

```
    j=(a-x) * (b-y);
}
int main(){
    int x,y,a,b;
    Rectangle rectangle;
    cout<<"输入左下角坐标 x 和 y"<<endl;
    cin>>x>>y;
    cout<<"输入右上角坐标为 a 和 b"<<endl;
    cin>>a>>b;
    rectangle.area(x,y,a,b);
    cout<<"该矩形面积为:"<<rectangle.j<<endl;
    return 0;
}
```

(2)

```
#include <iostream>
using namespace std;
class Circle{
    public:
        Circle(double r=0);
        double perimeter();
        double area();
    private:
        double radius;
        double s,p;
};
Circle:: Circle(double r){
    radius=r;
    p=2.0*3.1415* radius;
    s=3.1415* radius* radius;
}
double Circle::perimeter(){
    return p;
}
double Circle::area(){
    return s;
}
int main(){
    double r;
    cout<<"请输入圆的半径:";
    cin>>r;
    Circle cir1;
    cout<<"周长为:"<<cir1.perimeter()<<",面积为:"<<cir1.area()<<endl;
    Circle cir(r);
    cout<<"周长为:"<<cir.perimeter()<<",面积为:"<<cir.area()<<endl;
    return 0;
}
```

(3)

```
#include <iostream>
#include <cstring>
using namespace std;
struct date{
    int year,month,day;
};
class Person{
    char ID[12];
    char Name[10];
    char Sex[3];
    date Birth;
    char HomeAdd[20];
public:
    Person(){
        ID[0]=Name[0]=Sex[0]=HomeAdd[0]=0;
        Birth.year=Birth.month=Birth.day=0;
    }
    Person(char id[],char name[],char sex[],date birth,char homeadd[]){
        strcpy(ID,id);
        strcpy(Name,name);
        strcpy(Sex,sex);
        Birth=birth;
        strcpy(HomeAdd,homeadd);
    }
    Person(Person& p){
        strcpy(ID,p.ID);
        strcpy(Name,p.Name);
        strcpy(Sex,p.Sex);
        Birth=p.Birth;
        strcpy(HomeAdd,p.HomeAdd);
    }
    void setID(char id[]){
        strcpy(ID,id);
    }
    void setName(char name[]){
        strcpy(Name,name);
    }
    void setSex(char sex[]){
        strcpy(Sex,sex);
    }
    void setBirth(date birth){
        Birth=birth;
    }
    void setHome(char homeadd[]){
```

```
        strcpy(HomeAdd,homeadd);
    }
    void print(){
        cout<<"ID="<<ID<<",Name="<<Name<<",Sex="<<Sex<<",";
        cout<<"Birth="<<Birth.year<<"-"<<Birth.month<<"-"<<Birth.day<<",";
        cout<<HomeAdd<<endl;
    }
};
int main(){
    date birth;
    birth.year =1991;
    birth.month =6;
    birth.day =12;
    Person p1("08124401","陈建华","男",birth,"中吴大道 1801 号");
    p1.print ();
    return 0 ;
}
```

(4)

```
#include <iostream>
#include<string>
using namespace std;
class CKind{
    private:
        string m_kind_ID;                       //类型 ID
        string m_kind_name;                     //类型名称
        static int m_count;                     //对象个数
    public:
        CKind(const string&id="0000",const string&name="为初始化");
        CKind(const CKind&);                    //拷贝构造函数
        ~CKind();                               //析构函数
        string get_id()const;
        void set_id(const string&);
        string get_name()const;
        void set_name(const string&);
        static int get_kind_count(void);
        void display()const;
};
int CKind::m_count=0;                           //静态成员初始化
CKind::CKind(const string&id,const string&name){
    m_kind_ID=id;
    m_kind_name=name;
    m_count++;                                  //新增一个类型
}
CKind:: CKind(const CKind& obj){
    m_kind_ID=obj.m_kind_ID;
```

```
    m_kind_name=obj.m_kind_name;
    m_count++;
}
CKind::~CKind(){
    m_count--;
    cout<<m_kind_name<<"被析构了"<<endl;
}
string CKind::get_id()const{
    return m_kind_ID;
}
void CKind::set_id(const string&id){
    m_kind_ID=id;
}
string CKind::get_name()const{
    return m_kind_name;
}
void CKind::set_name(const string&name){
    m_kind_name=name;}
int CKind::get_kind_count(void){
    return m_count;}
void CKind::display()const{
    cout<<"类型 ID:"<<m_kind_ID<<"\t 类型名:"<<m_kind_name;
}
int main(){
    CKind arry[5];
    string str;
    for(int i=0;i<5;i++){
        cout<<"请输入第"<<i<<"个类型信息:\n";
        cin >>str;
        arry[i].set_id(str);
        cin >>str;
        arry[i].set_name(str);
    }
    cout<<"输入的类型信息如下:\n";
    for(int j=0;j<5;j++){
        arry[j].display();
        cout<<endl;
    }
    cout<<"总类型个数为:"<<CKind::get_kind_count()<<endl;
    CKind *pkind=new CKind("1100","篮球");
    cout<<"新增加了一个类型为:";
    pkind->display();
    cout<<endl;
    cout<<"总类型个数为:"<<CKind::get_kind_count()<<endl;
    delete pkind;
    cout<<"删除新增加的类型后,总类型个数为:"<<CKind::get_kind_count()<<endl;
    return 0;
}
```

实 验 8

1. 程序分析题

(1)

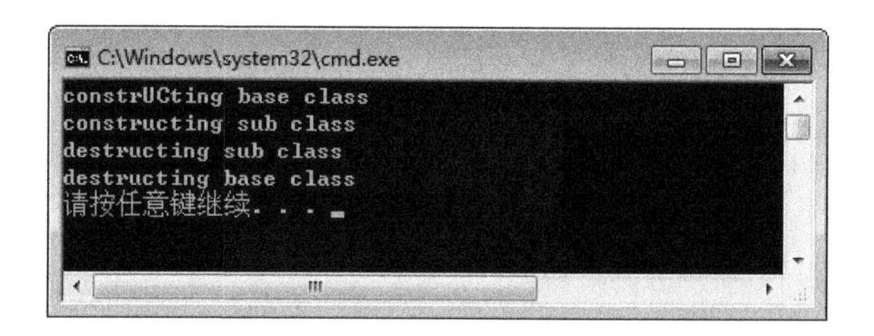

(2)

```
C:\Windows\system32\cmd.exe
constructing base class
n=1
constructing base class
n=3
constructing sub cass
m=2
destructing sub class
destructing base class
destructing base class
请按任意键继续. . .
```

(3)

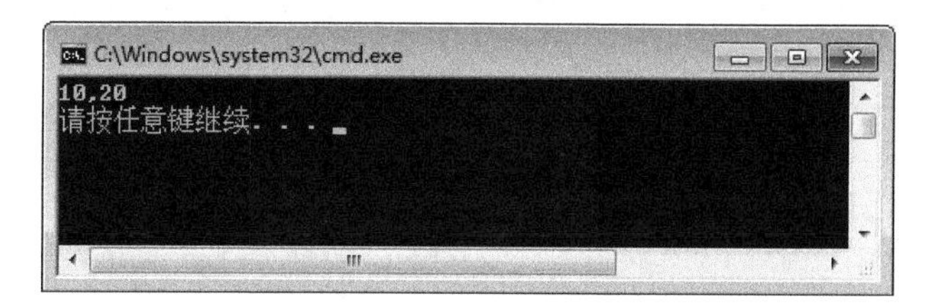

(4)

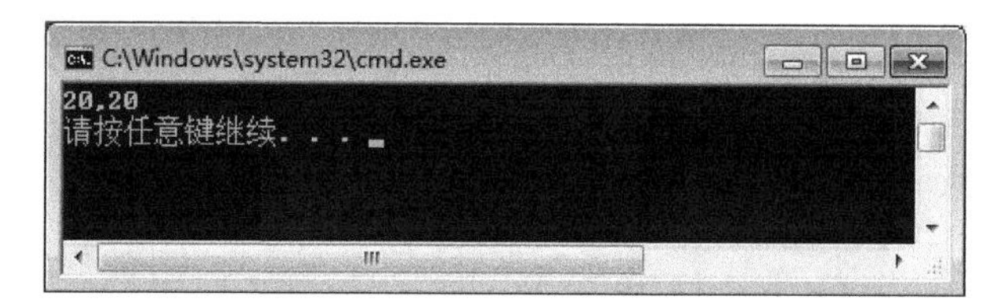

2. 程序改错题

错误代码：XB：：XB(int a,int b)：x(a),XB(b){ }，

改正为：XB：：XB(int a,int b)：XA(a),y(b) { }。

3. 程序填空题

(1) passenger_load (2) max_load (3) efficiency()

(4) car1. show()； (5) tru1. show()；

4. 程序设计题

```
#include<iostream>
using namespace std;
const double PI=3.14159;
class Point {
```

```
    public:
        Point(double x=0, double y=0) {X=x;Y=y;}
        void ShowPoint() {cout<<"("<<X<<","<<Y<<")"<<endl;}
    private:
        double X,Y;
};
class Rectangle: public Point {
    public:
        Rectangle(double w,double h,double x,double y):Point(x,y){
            width=w,height=h;Area();}
        void Area() {area=width * height;}
        void ShowArea(){
            cout<<"Rectangle Area="<<area<<endl;
        }
    private:
        double width,height,area;
};
class Circle: public Point {
    public:
        Circle(double r,double x, double y):Point(x,y){
            radius=r;Area();}
        void Area() {area=PI * radius * radius;}
        void ShowArea(){
            cout<<"Circle Area="<<area<<endl;
        }
    private:
        double radius,area;
};
int main(){
    Rectangle r(10,8,0,0);
    Circle c(4,3,5);
    r.ShowArea();
    c.ShowArea();
    return 0;
}
```

实 验 9

1. 程序分析题

(1)

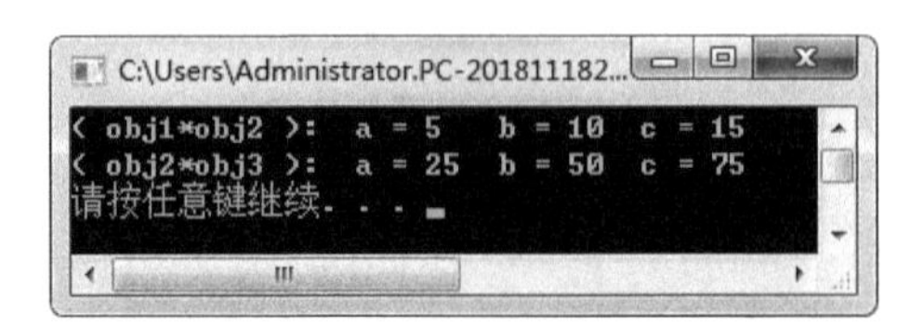

(2)

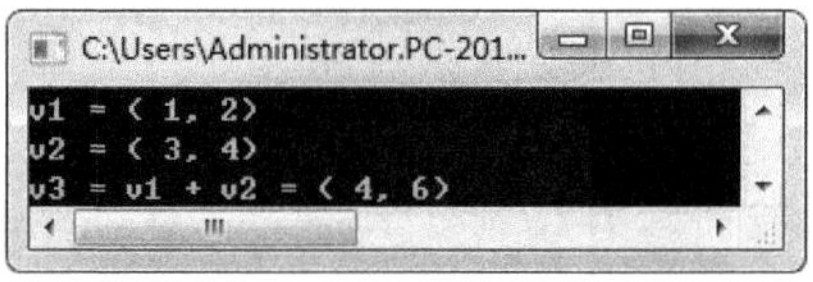

```
C:\Users\Administrator.PC-201...
v1 = ( 1, 2)
v2 = ( 3, 4)
v3 = v1 + v2 = ( 4, 6)
```

(3)

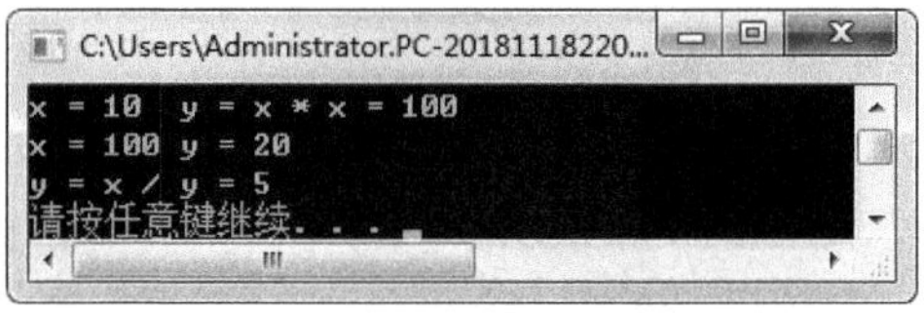

```
C:\Users\Administrator.PC-20181118220...
x = 10  y = x * x = 100
x = 100 y = 20
y = x / y = 5
请按任意键继续. . .
```

2. 程序改错题

错误代码：Base a;，改正为：Test a;。

3. 程序填空题

(1) Base &a　(2) a.Print();　(3) radius=r;　(4) circle(r)

(5) height=h;　(6) p=&sobj;　(7) column cobj(3,5);

4. 程序设计题

```
#include <iostream>
using namespace std;
class teacher{
    public:
        teacher(char tname[],int time){
            strcpy(name,tname);
            coursetime=time;
        }
        virtual int pay()=0;
        virtual void print()=0;
        char * getname(){
            return name; }
        int getcoursetime(){
            return coursetime;}
    protected:
        char name[30];
        int coursetime;
};
class professor:public teacher{
    public:
        professor(char pname[],int time):teacher(pname,time){ }
        int pay(){
            return 5000+coursetime * 50;}
        void print(){
            cout<<"教授:"<<getname();}
};
class associateprofessor:public teacher{
    public:
        associateprofessor(char pname[],int time):teacher(pname,time){ }
```

```
        int pay(){
            return 3000+coursetime * 30;}
        void print(){
            cout<<"副教授:"<<getname(); }
};
class lecturer:public teacher{
    public:
        lecturer(char pname[],int time):teacher(pname,time){ }
        int pay(){
            return 2000+coursetime * 20; }
        void print(){
            cout<<"讲师:"<<getname();}
};
int main(){
    professor pobj("李小平",32);
    pobj.print();
    cout<<'\t'<<"工资:"<<pobj.pay()<<endl;
    associateprofessor apobj("王芳芳",56);
    apobj.print();
    cout<<'\t'<<"工资:"<<apobj.pay()<<endl;
    lecturer lobj("何大建",72);
    lobj.print();
    cout<<'\t'<<"工资:"<<lobj.pay()<<endl;
}
```

实 验 10

1. 程序分析题

(1)

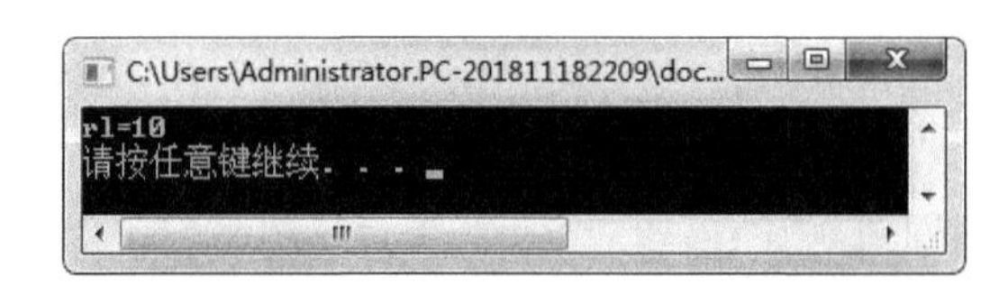

(2)

C:\Users\Administrator.PC-201811182209\docum...
x=0
执行。bj++之后
x=10
请按任意键继续. . .

2. 程序填空题

(1) s (2) str,s (3) s1.str (4) return t (5) str,s.str

3. 程序设计题

(1)

```
#include <iostream>
```

```
using namespace std;
class  Counter{
    int n;
    public:
        Counter(){n=0;}                              //默认构造函数
        Counter(int i){n=i;}                         //构造函数
        Counter operator+(Counter c){                //运算符重载函数
            Counter temp;
            temp.n=n+c.n;
            return temp;
        }
        void disp()   {  cout<<"n="<<n<<endl;   }
};
void main(){
    Counter c1(5),c2(10),c3;
    c3=c1+c2;
    c1.disp();
    c2.disp();
    c3.disp();
    system("pause");
}
```

(2)

```
#include <iostream>
using namespace std;
class Distance{
    private:
        int feet;                                    //0~∞
        int inches;                                  //0~12
    public:                                          //所需的构造函数
        Distance(){
            feet =0;
            inches =0;
        }
        Distance(int f, int i){
            feet =f;
            inches =i;
        }
        //显示距离的方法
        void displayDistance(){
            cout <<"F: "<<feet <<" I:"<<inches <<endl;
        }
        //重载负运算符(-)
        Distance operator-(){
            feet =-feet;
            inches =-inches;
            return Distance(feet, inches);
```

```
        }
        //重载小于运算符(<)
        bool operator <(const Distance& d){
            if(feet <d.feet){
                return true;
            }
            if(feet ==d.feet && inches <d.inches){
                return true;
            }
            return false;
        }
};
int main(){
    Distance D1(11, 10), D2(5, 11);
    if( D1 <D2 ){
        cout <<"D1 is less than D2 "<<endl;
    }
    else{
        cout <<"D2 is less than D1 "<<endl;
    }
    return 0;
}
```

实验 11

1. 程序填空题

(1) out.open("data.txt"); (2) if(! out); (3) out.close(); (4) out<<x.num<<' ';
(5) out<<x.name<<' '; (6) out<<x.age<<endl; (7) return out;
(8) if(! out) (9) return−1; (10) while(s.data_is_ok())

2. 程序设计题

(1)

```
#include<fstream>
int _tmain(int argc, _TCHAR* argv[]){
    std::ofstream openfile("myfile.txt", std::ios::app);
    for (int i =1; i <11; i++){
        openfile <<""<<i;
    }
    openfile.close();
    return 0;
}
```

(2)

```
#include <iostream>
#include <fstream>
```

```
using namespace std;
class CStudent{
    public:
        char szName[20];
        int age;
};
int main(){
    CStudent s;
    ofstream outFile("students.dat", ios::out | ios::binary);
    while (cin >>s.szName >>s.age)
        outFile.write((char *)&s, sizeof(s));
    outFile.close();
    return 0;
}
```

(3)

```
#include <iostream>
#include <fstream>
using namespace std;
class CStudent{
    public:
        char szName[20];
        int age;
};
int main(){
    CStudent s;
    ifstream inFile("students.dat",ios::in|ios::binary);   //二进制读方式打开
    if(!inFile) {
        cout <<"error"<<endl;
        return 0;
    }
    while(inFile.read((char *)&s, sizeof(s))) {               //一直读到文件结束
        int readedBytes =inFile.gcount();                       //看刚才读了多少字节
        cout <<s.szName <<""<<s.age <<endl;
    }
    inFile.close();
    system("pause");
    return 0;
}
```

实 验 12

1. 计算圆的周长和面积

第一步：建立项目架构(略)，项目名称为 s2。

第二步：设计用户图形界面。

可在对话框上建立(拖曳)如下控件。

- 3个编辑框：1个用于用户输入半径值、2个用于显示圆的周长和面积。
- 3个静态标签：用于对上述3个编辑框进行文字说明，分别是输入半径、圆周长和圆面积。
- 2个命令按钮，"确定"和"退出"：前者用于确定输入值，计算圆周长和圆面积，然后把结果显示在对应的输出框上；后者用于结束程序的执行。

给以上控件设置属性，如下表所示。

控件类型	ID	属性设置
主对话框	默认	Caption：计算圆周长和圆面积
Static Text	默认	Caption：输入半径
Static Text	默认	Caption：圆周长
Static Text	默认	Caption：圆面积
Edit Control	IDC_RADIUS	默认
Edit Control	IDC_GIRTH	Read Only 改为 True
Edit Control	IDC_AREA	Read Only 改为 True
Button	默认	确定
Button	默认	取消

效果如下图所示。

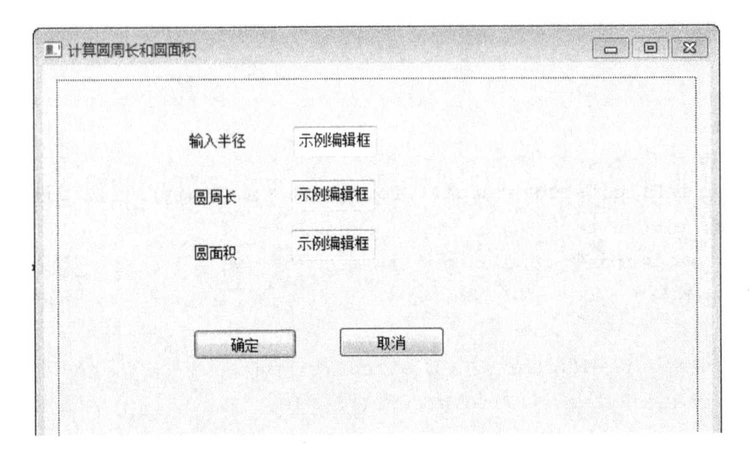

第三步：设计对象的事件驱动程序。

(1) 添加成员变量。

为编辑框IDC_RADIUS添加成员变量：变量名m_r、类别Value，变量类型double、最小值为0、最大值为1000.0，如下图所示。

用同样的方法为IDC_GIRTH和IDC_AREA添加成员变量，Value类别、Cstring类型、成员变量m_girth和m_area，最大字符个数为10。

(2) 编写消息处理成员函数。

① 主窗口的初始化函数。

打开S2Dlg.cpp文件的编辑窗口，并显示OnInitDialog()函数的代码清单，找到注释提示处，添加以下代码，给3个变量赋初值。

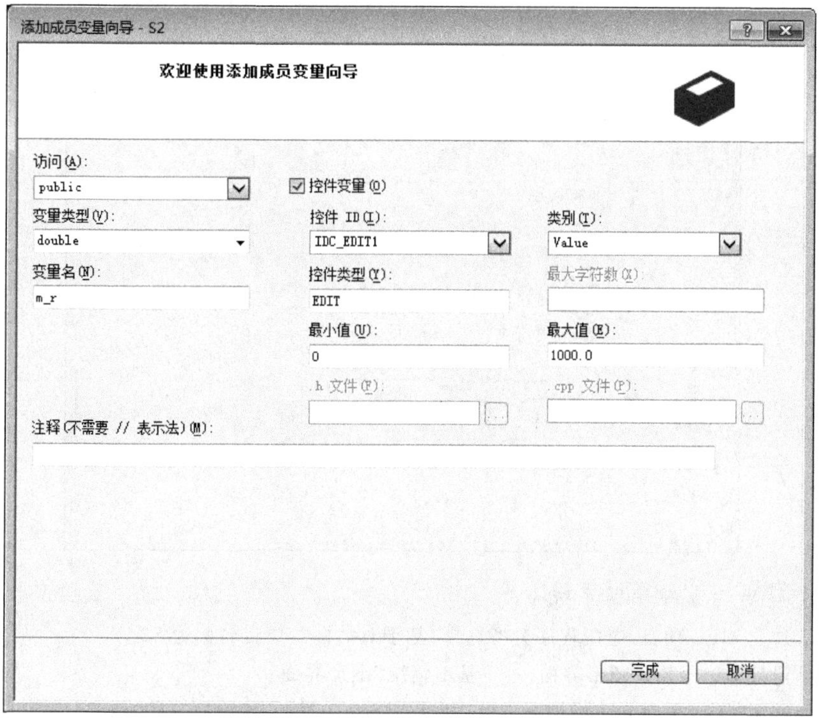

```
//TODO: 在此添加额外的初始化代码
    m_r =0.0;
    m_girth =m_area =0.0;
    UpdateData(FALSE);                          //将数据传给控件并显示
```

② “确定”按钮的消息处理函数。

双击“确定”按钮，弹出 OnClickedButton1()代码，在注释提示处输入以下代码，计算圆的周长和面积。

```
void CS2Dlg::OnClickedButton1(){
    //TODO: 在此添加控件通知处理程序代码
    UpdateData(true);                           //将编辑框的数据传递给成员变量
    m_girth =2 * 3.1416 * m_r;                  //计算圆周长
    m_area =3.1416 * m_r * m_r;                 //计算圆面积
    UpdateData(false);                          //将数据传给控件并显示
}
```

③ “退出”按钮的消息处理函数。

双击“退出”按钮，弹出 OnClickedButton1()代码，在注释提示处输入代码。

```
void CS2Dlg::OnBnClickedButton2(){
    //TODO: 在此添加控件通知处理程序代码
    m_r =0.0;
    m_girth =0.0;
    m_area =0.0;
    UpdateData(false);
}
```

下面进入最后一步，按 Ctrl＋F7 和 Ctrl＋F5 组合键进行项目的编译、链接和运行。运行结果如下图所示。

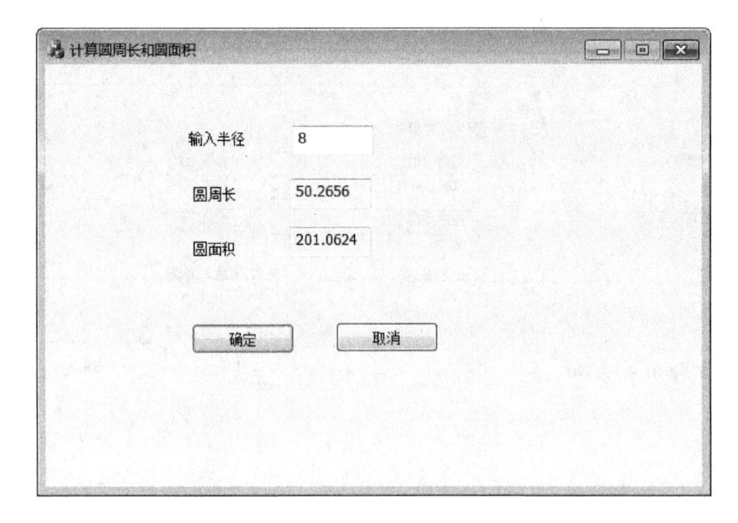

2. 一个简单的成绩管理系统

第一步：建立 MFC 项目，应用程序类型选择“基于对话框”，项目名称为 S2。

第二步：设计第一个用户图形界面——“基本情况”图形界面。

(1) 选择资源视图，在 Dialog 目录下添加对话框(Dialog)资源，删除原来的“确定”“取消”按钮，并修改该对话框以下属性。

- ID：IDD_DIALOG_BASEINFO。
- Border：None，边框选择“无”。
- Style：Child，风格选择“子对话框”。

(2) 在该对话框添加如下控件。

- 4 个静态标签：分别用于文字说明。
- 2 个文本编辑框：1 个用于输入姓名，1 个用于输入昵称。
- 2 个单选按钮：分别用于选择性别“男”或“女”。
- 1 个时间控件：用于选择“出生日期”。

添加效果如下图所示。

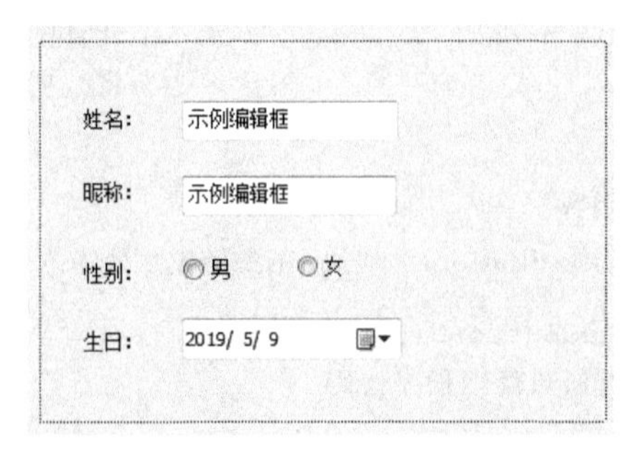

(3) 给以上控件设置属性，见下表。

控件类型	ID	属性设置
Static Text	默认	姓名
Static Text	默认	昵称

续表

控件类型	ID	属性设置
Static Text	默认	性别
Static Text	默认	生日
Edit Control	IDC_EDIT_NAME	默认
Edit Control	IDC_EDIT_NICK	默认
Radio Button	IDC_RADIO_GG	男
Radio Button	IDC_RADIO_MM	女
Date Time Picker	IDC_DATETIMEPICKER1	默认

(4) 给对话框添加类,选择对话框,右击选择“添加类”,输入类名 CBaseInfoDlg,其他选项为默认,如下图所示。

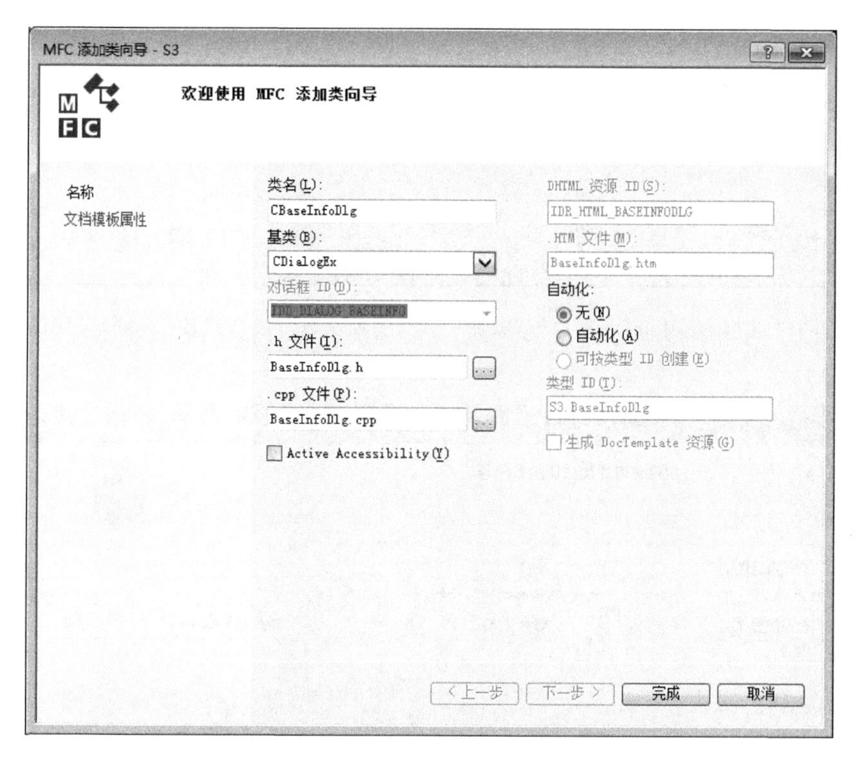

(5) 分别为 2 个文本编辑框和时间控件添加成员变量,见下表。

控件 ID	变量名	数据类型
IDC_EDIT_NAME	m_strName	CString
IDC_EDIT_NICK	m_strNick	CString
IDC_DATETIMEPICKER1	m_timeBirth	CTime

(6) 为 CBaseInfoDlg 类添加成员变量和成员函数。

添加成员变量,在类视图中右击 CBaseInfoDlg,选择“添加”——“添加变量”,成员变量名:m_chSex,类型:char,如下图所示。

添加成员变量向导 - S3

欢迎使用添加成员变量向导

访问(A): public

控件变量(O)

变量类型(V): char

控件 ID(I): IDC_DATETIMEPICKER1

类别(T): Control

变量名(N): m_chSex

控件类型(Y): SysDateTimePick32

最大字符数(X):

最小值(U):

最大值(E):

.h 文件(F):

.cpp 文件(P):

注释(不需要 // 表示法)(M):

完成 取消

在类视图中右击“CBaseInfoDlg”，选择“添加”——“添加函数”，成员函数：void UpdateSexField()，如下图所示。

在这个成员函数中,添加选中性别的代码:

```
void CBaseInfoDlg::UpdateSexField(){
    if (m_chSex == 'G')                                //男
        CheckRadioButton(IDC_RADIO_GG, IDC_RADIO_MM, IDC_RADIO_GG);
    else
        CheckRadioButton(IDC_RADIO_GG, IDC_RADIO_MM, IDC_RADIO_MM);
}
```

(7) 打开 CBaseInfoDlg 类的构造函数,设置性别初值为“男”。代码如下:

```
CBaseInfoDlg::CBaseInfoDlg(CWnd* pParent /*=NULL*/)
    : CDialogEx(IDD_DIALOG_BASEINFO, pParent)
    , m_strName(_T(""))
    , m_strNick(_T(""))
    , m_timeBirth(0)
    , m_chSex(0)
{
    m_chSex = 'G';                                     //设置性别初值为“男”
}
```

(8) 初始化函数 OnInitDialog()。

选择 CBaseInfoDlg 类,打开“属性”面板,选择“重写”工具,在 OnInitDialog 中,选择“ADD OnInitDialog”,添加初始化对话框消息处理函数。这个函数负责对话框的初始化,在里面添加调用 UpdateSexField()函数的代码,可以使对话框运行的时候“男”选项被默认选中:

```
BOOL CBaseInfoDlg::OnInitDialog(){
    CDialogEx::OnInitDialog();
    UpdateSexField();          //调用对话框类的成员函数,设置选中单选按钮
    return TRUE;               //return TRUE unless you set the focus to a control
}
```

第三步:设计第二个用户图形界面——“私人资料”对话框。

(1) 选择资源视图,在 Dialog 目录下添加对话框(Dialog)资源,删除原来的“确定”“取消”按钮,并修改该对话框以下属性。

- ID: IDD_DIALOG_PRIVATE。
- Border: None,边框选择“无”。
- Style: Child,风格选择“子对话框”。

(2) 在该对话框上添加如下控件。

- 4 个静态标签:分别用于文本编辑框的文字说明。
- 4 个文本编辑框:分别用来输入家庭地址、电话、手机和 EMAIL,如下图所示。

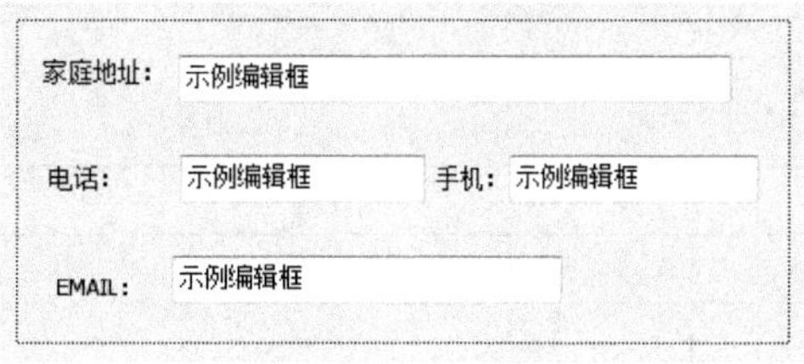

家庭地址: 示例编辑框
电话: 示例编辑框 手机: 示例编辑框
EMAIL: 示例编辑框

(3) 给以上控件设置属性，见下表。

控件类型	ID	属性设置
StaticText	默认	家庭地址
Static Text	默认	电话
Static Text	默认	手机
Static Text	默认	EMAIL
Edit Control	IDC_EDIT_HOME	默认
Edit Control	IDC_EDIT_TEL	默认
Edit Control	IDC_EDIT_GSM	默认
Edit Control	IDC_EDIT_EMAIL	默认

(4) 给对话框添加类，选择对话框，右击选择"添加类"，输入类名 CPrivateDlg，其他选项为默认。分别为 4 个文本编辑框添加成员变量，见下表。

控件 ID	变量名	数据类型
IDC_EDIT_HOME	m_strHOME	CString
IDC_EDIT_TEL	m_strTEL	CString
IDC_EDIT_GSM	m_strGSM	CString
IDC_EDIT_EMAIL	m_strEmail	CString

第四步：设计第三个用户图形界面——"单位信息"对话框。

(1) 选择资源视图，在 Dialog 目录下添加对话框(Dialog)资源，删除原来的"确定""取消"按钮，并修改该对话框以下属性。

- ID：IDD_DIALOG_WORK。
- Border：None，边框选择"无"。
- Style：Child，风格选择"子对话框"。

(2) 在该对话框上添加如下控件。

- 4 个静态标签：分别用于下面文本编辑框的文字说明。
- 4 个文本编辑框：分别用来输入单位名称、单位地址、电话和传真，如下图所示。

(3) 给以上控件设置属性，见下表。

控件类型	ID	属性设置
Static Text	默认	单位名称
Static Text	默认	单位地址
StaticText	默认	电话

续表

控件类型	ID	属性设置
Static Text	默认	传真
Edit Control	IDC_EDIT_WORKNAME	默认
Edit Control	IDC_EDIT_WORKADD	默认
Edit Control	IDC_EDIT_TEL	默认
Edit Control	IDC_EDIT_FAX	默认

(4) 给对话框添加类，选择对话框，右击选择“添加类”，输入类名 CWorkDlg，其他选项为默认。分别为 4 个文本编辑框添加成员变量，见下表。

控件 ID	变量名	数据类型
IDC_EDIT_WORKNAME	m_strWorkName	CString
IDC_EDIT_WORKADD	m_strADD	CString
IDC_EDIT_TEL	m_strTEL	CString
IDC_EDIT_FAX	m_strFAX	CString

第五步：设计第四个用户图形界面——主对话框。

(1) 选择资源视图，在 Dialog 目录下打开 IDD_S3_DIALOG 主对话框，名称改为“个人通信录”，删除原来的“取消”按钮，并修改“确定”按钮为“退出”。

(2) 并在该对话框上添加如下控件。

- 1 个静态标签：名称改为“联系人”。
- 1 个列表框。
- 1 个 Tab Control 控件。静态标签：ID 改为：IDC_STATIC_DLG，放在 Tab Control 控件内，作为前 3 个对话框的父窗口，用来显示前面的 3 个对话框的内容，固定前 3 个对话框的位置，如下图所示。

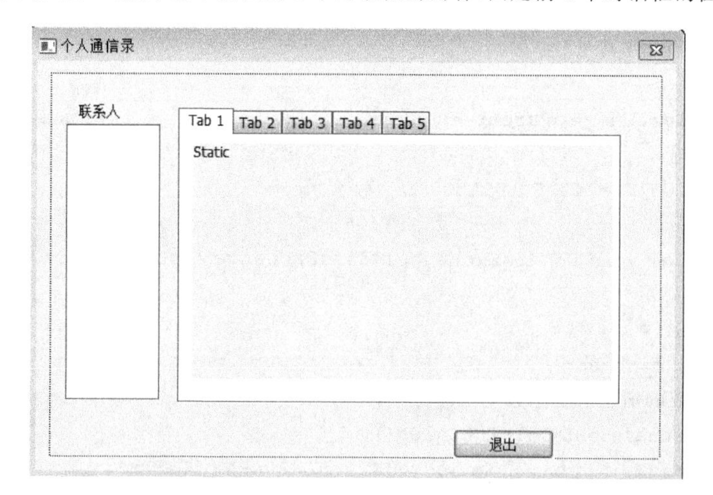

(3) 分别为列表框和 Tab 控件添加成员变量，见下表。

控件 ID	变量名	数据类型
IDC_LIST1	m_List	CListBox
IDC_TAB1	m_Tab	CTabCtrl

(4) 打开主对话框头文件“CS3Dlg.h”，在最前面添加 3 个对话框的头文件，并定义 ADDRESS 结构体，这个结构体包含的属性有：姓名、别名、性别、生日、家庭地址、家庭电话号码、手机号码、EMAIL、工作单位名称、单位地址、单位电话和单位传真。

```
#pragma once
#include "afxwin.h"
#include "afxcmn.h"
#include "BaseInfoDlg.h"
#include "PrivateDlg.h"
#include "WorkDlg.h"
struct ADDRESS{
    CString strName;                          //姓名
    CString strNick;                          //别名
    char chSex;                               //性别
    CTime tBirth;                             //生日
    CString strHomeAdd;                       //家庭地址
    CString strHomeTel;                       //家庭电话号码
    CString strGSM;                           //手机号码
    CString strMail;                          //EMAIL
    CString strWorkName;                      //工作单位名称
    CString strWorkAdd;                       //单位地址
    CString strWorkTel;                       //单位电话
    CString strWorkFax;                       //单位传真
};
```

在构造方法中，添加 3 个公有变量，分别是指向 3 个对话框指针。添加以下 2 个公有函数。

```
//CS3Dlg 对话框
class CS3Dlg : public CDialog{
//构造
    public:
        CS3Dlg(CWnd * pParent =NULL);                        //标准构造函数
//对话框数据
        enum { IDD =IDD_S3_DIALOG };
    protected:
        virtual void DoDataExchange(CDataExchange * pDX); //DDX/DDV 支持
//实现
    protected:
        HICON m_hIcon;
        //生成的消息映射函数
        //virtual BOOL OnInitDialog();
        afx_msg void OnSysCommand(UINT nID, LPARAM lParam);
        afx_msg void OnPaint();
        afx_msg HCURSOR OnQueryDragIcon();
        DECLARE_MESSAGE_MAP();
    public:
        CListBox  m_List;
        CTabCtrl m_Tab;
```

```
        CBaseInfoDlg * m_pBaseInfoDlg;                  //指向"基本情况"对话框指针
        CPrivateDlg * m_pPrivateDlg;                    //指向"私人资料"对话框指针
        CWorkDlg * m_pWorkDlg;                          //指向"单位信息"对话框指针
        void SetDlgState(CWnd * pWnd,BOOL bShow);
        void DoTab(int nSel);
};
```

在源文件 CS3Dlg.cpp 添加以下 2 个函数的代码。

SetDlgState 函数：用来显示或隐藏对话框。

DoTab 函数：用来切换对话框。

```
void CS3Dlg::SetDlgState(CWnd * pWnd,BOOL bShow){
    pWnd->EnableWindow(bShow);
    if(bShow){
        pWnd->ShowWindow(SW_SHOW);
        pWnd->CenterWindow();                           //居中
    }
    else
        pWnd->ShowWindow(SW_HIDE);
}
void CS3Dlg::DoTab(int nSel){
    if(nSel>2)
        nSel=2;                                         //确定 nSel 不能超过范围
    if(nSel<0)
        nSel=0;
    BOOL bTab[3];
    bTab[0]=bTab[1]=bTab[2]=FALSE;
    bTab[nSel]=TRUE;
    //切换对话框的显示和隐藏
    SetDlgState(m_pBaseInfoDlg,bTab[0]);
    SetDlgState(m_pPrivateDlg,bTab[1]);
    SetDlgState(m_pWorkDlg,bTab[2]);
}
```

打开主对话框界面，选择 Tab 控件，打开"属性"面板，选择"事件"按钮，选择 TCN_SELCHANGE 消息的消息处理函数 onTcnSelchangeTab1()，当我们对静态标签页面进行改变时，会调用这个消息处理函数。因此，在这个函数中添加 3 行代码，表示当我们选择静态标签控件中的某个页面时，就在该页面中显示相应的子对话框。

```
void CS3Dlg::OnTcnSelchangeTab1(NMHDR * pNMHDR, LRESULT * pResult){
    //TODO: 在此添加控件通知处理程序代码
    int nSelect =m_Tab.GetCurSel();
    if (nSelect >=0)
        DoTab(nSelect);
    * pResult =0;
}
```

(5) 初始化函数 OnInitDialog()。

选择主对话框 CS3Dlg 类，打开"属性"面板，选择"重写"工具，选择 OnInitDialog，选择 ADD

OnInitDialog,这个函数负责对话框的初始化,在里面添加调用以下粗体文字的代码。

```
BOOL CS3Dlg::OnInitDialog(){
    CDialogEx::OnInitDialog();
    //将"关于……"菜单项添加到系统菜单中
    //IDM_ABOUTBOX 必须在系统命令范围内
    ASSERT((IDM_ABOUTBOX & 0xFFF0) ==IDM_ABOUTBOX);
    ASSERT(IDM_ABOUTBOX <0xF000);
    CMenu* pSysMenu =GetSystemMenu(FALSE);
    if (pSysMenu !=NULL){
        BOOL bNameValid;
        CString strAboutMenu;
        bNameValid =strAboutMenu.LoadString(IDS_ABOUTBOX);
        ASSERT(bNameValid);
        if (!strAboutMenu.IsEmpty()){
            pSysMenu->AppendMenu(MF_SEPARATOR);
            pSysMenu->AppendMenu(MF_STRING, IDM_ABOUTBOX, strAboutMenu);
        }
    }
    //设置此对话框的图标。当应用程序主窗口不是对话框时,框架将自动执行此操作
    SetIcon(m_hIcon, TRUE);                //设置大图标
    SetIcon(m_hIcon, FALSE);               //设置小图标
    //TODO: 在此添加额外的初始化代码
    m_Tab.InsertItem(0, _T("基本情况"), 0);
    m_Tab.InsertItem(1, _T("私人资料"), 1);
    m_Tab.InsertItem(2, _T("单位信息"), 2);
    m_Tab.SetCurSel(0);
    //以下是创建个人通讯录的 3 个对话框
    m_pBaseInfoDlg =new CBaseInfoDlg;
    m_pBaseInfoDlg->Create(IDD_DIALOG_BASEINFO, GetDlgItem(IDC_STATIC_DLG));
    m_pPrivateDlg =new CPrivateDlg;
    m_pPrivateDlg->Create(IDD_DIALOG_PRIVATE, GetDlgItem(IDC_STATIC_DLG));
    m_pWorkDlg =new CWorkDlg;
    m_pWorkDlg->Create(IDD_DIALOG_WORK, GetDlgItem(IDC_STATIC_DLG));
    DoTab(0);
    //初始化联系人列表内容
    ADDRESS data, data1;
    data.strName ="王小红";
    data.strNick ="妮妮";
    data.chSex ='M';
    data.tBirth =CTime(1984, 5, 6, 0, 0, 0);
    data.strHomeAdd ="汕头";
    data.strHomeAdd ="金平区";
    data.strHomeTel ="82904464";
    data.strGSM ="13585647816";
    data.strMail ="wangxh@163.com";
    data.strWorkName ="汕头大学";
```

```
        data.strWorkTel ="69427568";
        data.strWorkFax ="69421215";
        data1 =data;
        data1.strName ="李强";
        data1.strNick ="小强";
        data1.chSex ='G';
        data1.tBirth =CTime(1984, 12, 5, 0, 0, 0);
        int nIndex =m_List.AddString(data.strName);
        m_List.SetItemDataPtr(nIndex, new ADDRESS(data));
        nIndex =m_List.AddString(data1.strName);
        m_List.SetItemDataPtr(nIndex, new ADDRESS(data1));
        return TRUE;                                  //除非将焦点设置到控件,否则返回 TRUE
    }
```

以上代码功能由 3 部分组成：第一部分是给静态标签控件的 3 个页面设置标题,并设置第一个页面“基本资料”为默认选中状态。第二部分创建个人通讯录的 3 个对话框,默认选中第一个对话框。第三部分是创建 2 个结构体对象 data 和 data1,并对它们的属性进行赋值,对 data1 的部分属性进行修改,并在列表框添加这 2 个结构体对象的姓名属性。

(6) 给列表框添加 LBN_SELCHANGE 消息的消息处理函数,当在列表框中选择不同的项目,就会调用这个消息处理函数,给这个函数添加以下的代码。

```
void CS3Dlg::OnLbnSelchangeList1(){
    //TODO: 在此添加控件通知处理程序代码
    int nIndex =m_List.GetCurSel();
    if (nIndex !=LB_ERR){
        ADDRESS * data =(ADDRESS *)m_List.GetItemDataPtr(nIndex);
        //得到结构体属性
        m_pBaseInfoDlg->m_strName =data->strName;
        m_pBaseInfoDlg->m_strNick =data->strNick;
        m_pBaseInfoDlg->m_chSex =data->chSex;
        m_pBaseInfoDlg->m_timeBirth =data->tBirth;
        m_pPrivateDlg->m_strHOME =data->strHomeAdd;
        m_pPrivateDlg->m_strTEL =data->strHomeTel;
        m_pPrivateDlg->m_strGSM =data->strGSM;
        m_pPrivateDlg->m_strEmail =data->strMail;
        m_pWorkDlg->m_strWorkName =data->strWorkName;
        m_pWorkDlg->m_strADD =data->strWorkAdd;
        m_pWorkDlg->m_strTEL =data->strWorkTel;
        m_pWorkDlg->m_strFAX =data->strWorkFax;
//在子对话框中显示结构体属性
        m_pBaseInfoDlg->UpdateData(FALSE);
        m_pBaseInfoDlg->UpdateSexField();
        m_pPrivateDlg->UpdateData(FALSE);
        m_pWorkDlg->UpdateData(FALSE);
    }
}
```

代码的作用是：当选中列表框的某个选项时,就会得到该选项的索引号,通过此函数根据索引号得到相应的结构体，接着把结构体的属性传送到3个子对话框中。

(7) 打开“属性”面板，选中WM_DESTROY消息，添加OnDestroy()消息处理函数，添加以下代码，用于释放内存。当对话框退出的时候，删除3个对话框，并释放内存。

```
void CS3Dlg::OnDestroy(){
    CDialogEx::OnDestroy();
    //TODO: 在此处添加消息处理程序代码
    for (int nIndex =m_List.GetCount() -1;nIndex >=0;nIndex--){
        delete (ADDRESS *)m_List.GetItemDataPtr(nIndex);
    }
    if (m_pBaseInfoDlg) delete m_pBaseInfoDlg;
    if (m_pPrivateDlg) delete m_pPrivateDlg;
    if (m_pWorkDlg) delete m_pWorkDlg;
}
```

最后运行结果如下图所示。

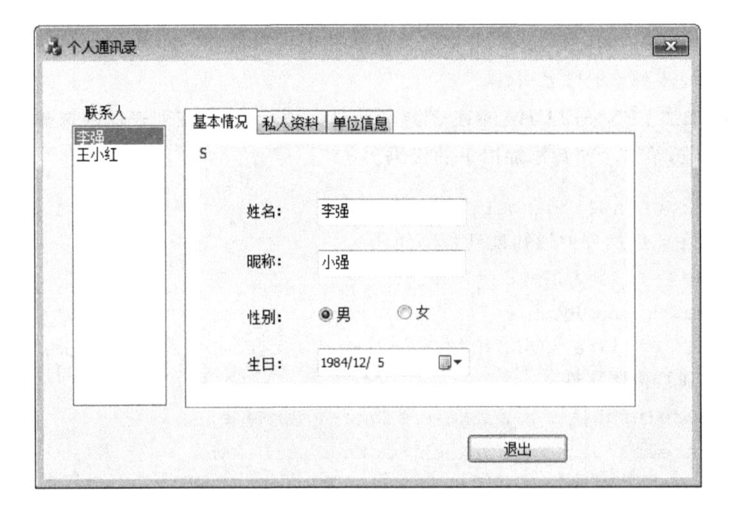

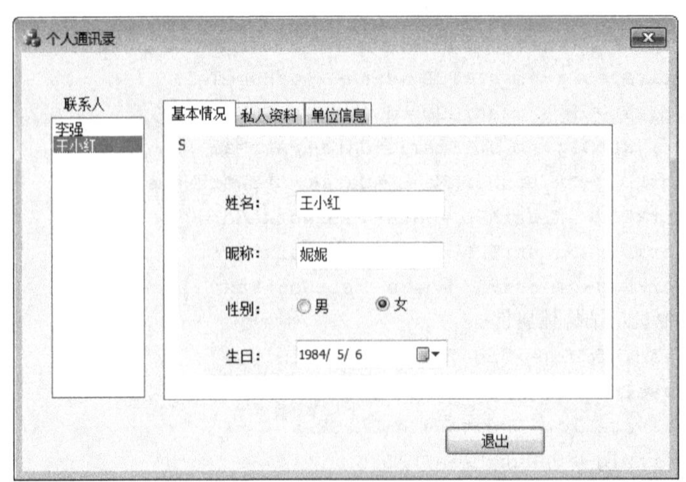